공군부사관 후보생

필기시험

공군부사관후보생
필기시험

초판 인쇄   2022년 1월 5일
초판 발행   2022년 1월 7일

편 저 자 ｜ 부사관시험연구소
발 행 처 ｜ ㈜서원각
등록번호 ｜ 1999-1A-107호
주   소 ｜ 경기도 고양시 일산서구 덕산로 88-45(가좌동)
교재주문 ｜ 031-923-2051
팩   스 ｜ 031-923-3815
교재문의 ｜ 카카오톡 플러스 친구[서원각]
영상문의 ｜ 070-4233-2505
홈페이지 ｜ www.goseowon.com
책임편집 ｜ 정유진
디 자 인 ｜ 이규희

preface

부사관은 예전에는 하사관이라 불리었으며, 일반하사 · 중사 · 상사 · 원사의 계급을 가진 육 · 해 · 공군의 사병을 가리킨다. 부사관은 통상 육군의 분대와 같은 최소 규모의 전투 집단을 지휘하거나, 정비 · 수리 등의 숙련된 기술을 요하는 분야에 기술자로 배치되고 있으며, 각 급 제대의 최고참 부사관은 선임 부사관으로서 지휘관을 보좌하고, 사병과 지휘관과의 교량적 역할을 수행한다. 통상적으로 소대장을 보좌하는 일반하사/중사를 선임하사, 중대장을 보좌하는 상사/원사를 인사계, 대대급 이상 부대에서 지휘관을 보좌하는 원사(상사)를 주임상사라고 부른다.

군의 중추 역할을 하는 부사관은 스스로 명예심을 추구하여 빛남으로 자긍심을 갖게 되고, 사회적인 인간으로서 지켜야 할 도리를 지각하면서 행동할 수 있어야 하며, 개인보다는 상대를 배려할 줄 아는 공동체 의식을 견지하며 매사 올바른 사고와 판단으로 건설적인 제안을 함으로써 내가 속한 부대와 군에 기여하는 전문성을 겸비한 인재들이다.

부사관은 국가공무원으로서 안정된 직장, 군 경력과 목돈 마련, 자기발전의 기회 제공, 전문분야에서의 근무 가능, 그 밖의 다양한 혜택 등으로 해마다 그 경쟁은 치열해지고 있으며 수험생들에게는 선발전형에 대한 철저한 분석과 꾸준한 자기관리가 요구되고 있다.

이에 본서는 시험유형과 출제기준을 철저히 분석하여 공군 부사관후보생 필기시험을 한 권으로 완벽하게 대비할 수 있도록 구성하였다.

PART 1에서는 언어논리, 자료해석, 공간능력, 지각속도를 중심으로 한 인지능력평가를 각 영역별 출제예상문제의 형태로 수록하였고 이를 통해 충분한 연습이 가능하도록 하였다.

PART 2에서는 상황판단평가와 직무성격평가를 수록하여 실전에 대비하여 철저한 연습이 가능하도록 하였다.

PART 3에서는 한국사 과목에 대한 다양한 형태의 문제를 제시하여 필기시험에 완벽히 대비할 수 있도록 하였다.

"진정한 노력은 결코 배반하지 않는다." 본서가 수험생 여러분의 목표를 이루는 데 든든한 동반자가 되기를 기원한다.

Structure

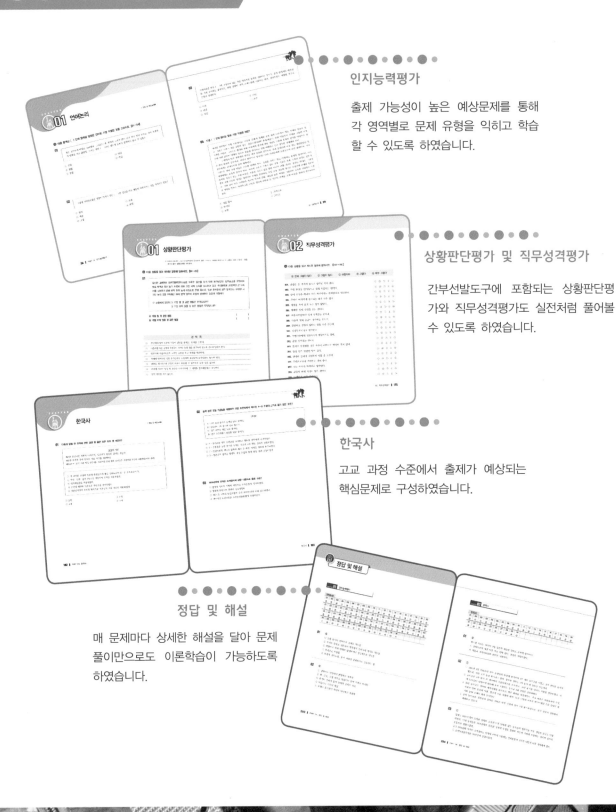

인지능력평가

출제 가능성이 높은 예상문제를 통해
각 영역별로 문제 유형을 익히고 학습
할 수 있도록 하였습니다.

상황판단평가 및 직무성격평가

간부선발도구에 포함되는 상황판단평
가와 직무성격평가도 실전처럼 풀어볼
수 있도록 하였습니다.

한국사

고교 과정 수준에서 출제가 예상되는
핵심문제로 구성하였습니다.

정답 및 해설

매 문제마다 상세한 해설을 달아 문제
풀이만으로도 이론학습이 가능하도록
하였습니다.

Contents

Information

▌의무복무기간

임관 후 4년 (남·여 동일)

▌지원자격

1. 임관일 기준 만 18세 이상, 27세 이하인 대한민국 남, 여

    ※ 예비역은 제대군인지원에 관한 법률 시행령 제19조에 따라 응시연령 상한 연장

복무기간	지원 상한연령
군 복무 미필자	만 27세
1년 미만	만 28세
1년 이상 ~ 2년 미만	만 29세
2년 이상	만 30세

    – 현역 복무 중인 사람이 지원 시 응시연령 상한 연장은 제대군인에 관한 법률 16조(채용 시 우대 등) 2항에 의거 전역예정일 전 6개월 이내(임관일 기준) 응시한 경우에 한하여 적용

2. 연령 조건을 충족하면서 다음 중 어느 하나에 해당하는 자

    ㉠ 고등학교 이상의 학교를 졸업한 사람 또는 이와 같은 수준 이상의 학력을 가진 사람(임관일 전 졸업 예정자 포함)

    ㉡ 입영일 기준 병장, 상등병, 또는 일등병으로서 입대 후 5개월 이상 복무중인 사람

    ㉢ 중학교 이상의 학교를 졸업한 사람으로서 「국가기술자격법」에 따른 자격증 소지자

3. 별도의 지원 자격을 명시한 전형(특별전형 등)은 해당 기준을 충족하는 자

4. 사상이 건전하고 품행이 단정하며 체력이 강건한 사람

5. 임용 결격사유 : 군인사법 제10조 제2항에 해당하는 사람

    > 다음 각 호의 어느 하나에 해당하는 사람은 부사관으로 임용될 수 없다.
    > 1. 대한민국의 국적을 가지지 아니한 사람
    > 1의2. 대한민국 국적과 외국 국적을 함께 가지고 있는 사람
    > 2. 피성년후견인 또는 피한정후견인
    > 3. 파산선고를 받은 사람으로서 복권되지 아니한 사람
    > 4. 금고 이상의 형을 선고받고 그 집행이 종료되거나 집행을 받지 아니하기로 확정된 후 5년이 지나지 아니한 사람
    > 5. 금고 이상의 형의 집행유예를 선고받고 그 유예기간 중에 있거나 그 유예기간이 종료된 날부터 2년이 지나지 아니한 사람
    > 6. 자격정지 이상의 형의 선고유예를 받고 그 유예기간 중에 있는 사람
    > 6의2. 공무원 재직기간 중 직무와 관련하여 「형법」 제355조 또는 제356조에 규정된 죄를 범한 사람으로서 300만 원 이상의 벌금형을 선고받고 그 형이 확정된 후 2년이 지나지 아니한 사람
    > 6의3. 「성폭력범죄의 처벌 등에 관한 특례법」 제2조에 따른 성폭력 범죄로 100만 원 이상의 벌금형을 선고받고 그 형이 확정된 후 3년이 지나지 아니한 사람
    > 6의4. 미성년자에 대한 다음 각목의 어느 하나에 해당하는 죄를 저질러 파면·해임되거나 형 또는 치료감호를 선고받아 그 형 또는 치료감호가 확정된 사람
    >   가. 「성폭력범죄의 처벌 등에 관한 특례법 제2조에 따른 성폭력범죄
    >   나. 「아동·청소년의 성보호에 관한 법률」 제2조 제2호에 따른 아동·청소년 대상 성범죄
    > 7. 탄핵이나 징계에 의하여 파면되거나 해임처분을 받은 날부터 5년이 지나지 아니한 사람
    > 8. 법원의 판결 또는 다른 법률에 따라 자격이 정지되거나 상실된 사람

    ※ 최종합격 발표일 기준 위 항목 해당자는 선발 불가
    ※ 최종합격 후에도 입영 전·후 결격사유에 해당하는 경우 합격/임관이 취소됨

▌모집 절차 및 평가 방법

지원서 접수 → 1차 전형(필기시험/특별전형) → 2차 전형(신체검사/면접) → 신원조사/결격사유 조회 → 3차 전형(최종선발위원회) → 최종발표, 임관

1차 전형	일반전형		150점(필기시험)
	특별전형	I	모집분야별 별도기준
		II	서류심사
2차 전형	신체검사		합/불
	면접	일반전형	25점
		특별전형	합/불
3차 전형	신원조사		적/부
	결격사유		적/부
	최종선발위원회		1, 2차 전형결과 및 신원조사 결과 종합 심사
총점			175점(가점별도)

▌필기시험

1. 대상 : 일반전형 지원자(특별전형 지원자 중 일반전형 중복지원자 포함)

2. 시험과목 · 배점 및 시간표

구분	KIDA 간부선발도구									총계
	1교시 (13:30~14:55)					2교시 (15:10~16:13)			3교시 (16:25~17:00)	
	언어논리	자료해석	공간능력	지각속도	소계	상황판단	직무성격	소계	한국사	
문항수(개)	25	20	18	30	93	15	180	195	25	313
배점(점)	30	30	10	10	80	20	면접자료	20	50	150

※ 한국사 – 시험범위(근현대사) 내 문제은행 공개 : 공군모집 홈페이지(인터넷), 인사참모부 홈페이지(인트라넷) 공지

3. 「한국사능력검정」 인증서 보유 시 한국사 과목 면제(필기시험 중복응시 가능) 및 지원서에 한국사능력검정 성적 입력 시 각 등급에 해당하는 점수 부여

등급(급)	4	3	2	1
점수(점)	42	45	47	50

※ 5년 이내 성적 유효 (구비서류 우편 제출 시 성적표와 함께 제출)
※ 필기시험과 중복 응시한 경우 한국사능력검정 성적과 비교, 유리한 점수 반영

4. 가점 : 필기시험 총점에 부여

① 영어 : 공인영어성적(TOEIC/TOEFL/TEPS)으로 가점 적용

점수(점)	470~509	510~549	550~589	590~629	630~669	670~709	710~749	750~789	790~879	830 이상
가점(점)	1	2	3	4	5	6	7	8	9	10

※ 5년 이내 성적 유효 (구비서류 우편 제출 시 원본 성적표 제출 또는 인사혁신처 사이버국가고시센터에 등록된 성적에 한함)
② 지원 직종별 항목에 따라 가장 유리한 것 한 가지만 적용함

5. 합격 최저점수 : 각 과목별(KIDA 간부선발도구, 한국사) 배점의 40% 이상

구분	KIDA 선발도구	한국사	비고
최저점수	40점	20점	1과목이라도 과목별 최저점수 미만 시 불합격 처리

▌인공지능(AI) 면접

1. 1차 합격자 전원을 대상으로 개인별 응시 가능한 장소에서 약 60분간 진행

2. 온라인 면접절차
   ① 진행 절차 : 평가대상자 응시정보 확보(공군본부) → AI면접 안내메일 발송(공군본부) → 개인별 시스템 접속 및
      면접(응시자) → 면접결과 분석 및 활용(공군본부)
   ② 진행 방법 : 응시 → 안면등록 → 온라인 면접진행 → 데이터분석

3. 기타
   ① 인터넷 접속이 가능한 장소여야 함, 무선랜(wifi) 연결 시 응시 불가
   ② 준비사항 : 컴퓨터(유선랜 연결), 웹캠, 스피커, 마이크(헤드셋)
   ③ 인터넷 웹 브라우저는 반드시 크롬(Chrome)으로 접속
      ※ 인공지능 면접 접속코드를 지원서에 입력한 인터넷 메일 주소로 발송하므로, 지원서 작성 시 정확한 인터넷 메일 주소 작성

▌신체검사, 면접

1. 대상 : 1차 전형 합격자(특별전형Ⅰ·Ⅱ, 일반전형)

2. 지참물 : 1차 합격통지서, 신분증(주민등록증, 운전면허증, 여권(주민등록번호 뒷자리 명시된 여권), 청소년증

3. 신체검사 : 합/불, 공군 신체검사 규정 합격등위 기준 적용

구분	내용
신체기준	• 남 : (신장) 159 이상~204cm 미만 / (BMI) 17 이상~33 미만 • 여 : (신장) 155 이상~185cm 미만 / (BMI) 17 이상~33 미만
시력	• 교정시력 우안 0.7 이상, 좌안 0.5 이상(왼손잡이는 반대) • 시력 교정수술을 한 사람은 입대 전 최소 3개월 이상 회복기간 권장
색각	색각 이상(색약/색맹)인 사람은 별도 기준 적용
기타항목	공군 신체검사 등급 1~3급(과목별)인 자(단, 정신과는 2급 이상)

※ 코로나19 상황 고려, 비대면 전형 조정 가능(면접→화상면접, 신체검사→서류대체)

4. 면접(25점) : 국가관·리더십·품성·표현력·공군 핵심가치 등 평가
   ① 필기시험과 면접점수를 합산하여 합격자 발표 시 반영
   ② 부적합 판정 기준 : 평가항목 중 1개라도 '0'점 부여 시 / 면접관(3명) 총점 평균 '15점' 미만 시

▎3차 · 입영 전형

1. 3차 전형 : 최종선발위원회

　　① 대상 : 2차 전형 합격자 전원

　　② 내용 : 1 · 2차 전형 및 신원조사, 결격사유 조회결과를 종합, 선발심의를 통해 직종별 소요 범위 내 합격자 최종 선발

2. 입영 전형

　　① 대상 : 3차 전형 합격자 전원

　　② 내용

정밀 신체검사	• 검사항목 : 구강검사, 혈액, X-ray, 소변검사(여성은 부인과 검사 포함) 등 • 공군 신체검사 규정 합격등위 기준 적용
체력검정	• 남 : 1,500m 달리기 7분 44초 이내 • 여 : 1,200m 달리기 8분 15초 이내
인성검사	복무적합도 검사

　　③ 지참물 : 합격통지서, 신분증, 최종학력증명서(졸업예정자), 국민체력인증서, 산부인과 문진 결과지(임신반응검사, 골반초음파검사 소견서 포함), 외국국적 포기확인서(복수국적 포기자)

　　 − 지원서에 기재한 자격 외 추가 자격이 있을 경우 지참 가능(특기분류 시 활용)

　　 − 2차 전형 조건부 합격자 등은 민간병원 발급 '병무용 진단서' 지참

　　 ※ 여성응시자는 산부인과 전문의 문진 후 결과지를 입영전형 시 지참

KIDA 간부선발도구
예시문

언어논리, 자료해석, 공간능력, 지각속도, 상황판단평가, 직무성격평가

공군 간부선발 시 적용하고 있는 필기평가 중 지원자들이 생소하게 생각하고 있는 간부선발 필기평가의 예시문항이며, 문항 수와 제한시간은 다음과 같습니다.

구분	언어논리	자료해석	공간능력	지각속도	상황판단평가	직무성격평가
문항 수	25문항	20문항	18문항	30문항	15문항	180문항
시간	20분	25분	10분	3분	20분	30분

※ 본 자료는 참고 목적으로 제공되는 예시 문항으로서 각 하위검사별 난이도, 세부 유형 및 문항 수는 차후 변경될 수 있습니다.

언어논리

간부선발도구 예시문

> 언어논리력검사는 언어로 제시된 자료를 논리적으로 추론하고 분석하는 능력을 측정하기 위한 검사로 어휘력검사와 독해력검사로 크게 구성되어 있다. 어휘력검사는 문맥에 가장 적합한 어휘를 찾아내는 문제로 구성되어 있으며, 독해력검사는 글의 전반적인 흐름을 파악하는 논리적 구조를 올바르게 분석하거나 글의 통일성을 파악하는 문제로 구성되어 있다.

01 어휘력

어휘력에서는 의사소통을 함에 있어 이해능력이나 전달능력을 묻는 기본적인 문제가 나온다. 술어의 다양한 의미, 단어의 의미, 알맞은 단어 넣기 등의 다양한 유형의 문제가 출제된다. 평소 잘못 알고 사용되고 있는 언어를 사전을 활용하여 확인하면서 공부하도록 한다.

어휘력은 풍부한 어휘를 갖고, 이를 활용하면서 그 단어의 의미를 정확히 이해하고, 이미 알고 있는 단어와 문장 내에서의 쓰임을 바탕으로 단어의 의미를 추론하고 의사소통 시 정확한 표현력을 구사할 수 있는 능력을 측정한다. 일반적인 문항 유형에는 동의어/반의어 찾기, 어휘 찾기, 어휘 의미 찾기, 문장완성 등을 들 수 있는데 많은 검사들이 동의어(유의어), 반의어, 또는 어휘 의미 찾기를 활용하고 있다.

문제 1 다음 문장의 문맥상 ( ) 안에 들어갈 단어로 가장 적절한 것은?

> 계속되는 이순신 장군의 공세에 (   )같던 왜 수군의 수비에도 구멍이 뚫리기 시작했다.

① 등용문   ② 청사진
✔ ③ 철옹성   ④ 풍운아
⑤ 불야성

해설 ① 용문(龍門)에 오른다는 뜻으로, 어려운 관문을 통과하여 크게 출세하게 됨 또는 그 관문을 이르는 말
② 미래에 대한 희망적인 계획이나 구상
③ 쇠로 만든 독처럼 튼튼하게 둘러쌓은 산성이라는 뜻으로, 방비나 단결 따위가 견고한 사물이나 상태를 이르는 말
④ 좋은 때를 타고 활동하여 세상에 두각을 나타내는 사람
⑤ 등불 따위가 휘황하게 켜 있어 밤에도 대낮같이 밝은 곳을 이르는 말

02 독해력

글을 읽고 사실을 확인하고, 글의 배열순서 및 시간의 흐름과 그 중심 개념을 파악하며, 글 흐름의 방향을 알 수 있으며 대강의 줄거리를 요약할 수 있는 능력을 평가한다. 장문이나 단문을 이해하고 문장배열, 지문의 주제, 오류 찾기 등의 다양한 유형의 문제가 출제되므로 평소 독서하는 습관을 길러 장문의 이해속도를 높이는 연습을 하도록 하여야 한다.

문제 1 다음 ㉠ ~ ㉤ 중 다음 글의 통일성을 해치는 것은?

㉠21세기의 전쟁은 기름을 확보하기 위해서가 아니라 물을 확보하기 위해서 벌어질 것이라는 예측이 있다. ㉡우리가 심각하게 인식하지 못하고 있지만 사실 물 부족 문제는 심각한 수준이라고 할 수 있다. ㉢실제로 아프리카와 중동 등지에서는 이미 약 3억 명이 심각한 물 부족을 겪고 있는데, 2050년이 되면 전 세계 인구의 3분의 2가 물 부족 사태에 직면할 것이라는 예측도 나오고 있다. ㉣그러나 물 소비량은 생활수준이 향상되면서 급격하게 늘어 현재 우리가 사용하는 물의 양은 20세기 초보다 7배, 지난 20년간에는 2배가 증가했다. ㉤또한 일부 건설 현장에서는 오염된 폐수를 정화 처리하지 않고 그대로 강으로 방류하는 잘못을 저지르고 있다.

① ㉠

② ㉡

③ ㉢

④ ㉣

✔ ⑤ ㉤

> **해설** ㉠㉡㉢㉣ 물 부족에 대한 내용을 전개하고 있다.
> ㉤ 물 부족의 내용이 아닌 수질오염에 대한 내용을 나타내므로 전체적인 글의 통일성을 저해하고 있다.

자료해석

간부선발도구 예시문

자료해석검사는 주어진 통계표, 도표, 그래프 등을 이용하여 문제를 해결하는 데 필요한 정보를 파악하고 분석하는 능력을 알아보기 위한 검사이다. 자료해석 문항에서는 기초적인 계산 능력보다 수치자료로부터 정확한 의사결정을 내리거나 추론하는 능력을 측정하고자 한다. 도표, 그래프 등 실생활에서 접할 수 있는 수치자료를 제시하여 필요한 정보를 선별적으로 판단·분석하고, 대략적인 수치를 빠르고 정확하게 계산하는 유형이 대부분이다.

문제 1 다음과 같은 규칙으로 자연수를 1부터 차례대로 나열할 때, 8이 몇 번째에 처음 나오는가?

1, 2, 2, 3, 3, 3, 4, 4, 4, 4, · · ·

① 18   ② 21

✔ ③ 29   ④ 35

> **해설** 자연수가 1부터 해당 수만큼 반복되어 나열되고 있으므로 8이 처음으로 나오는 것은 7이 7번 반복된 후이다. 따라서 1 + 2 + 3 + 4 + 5 + 6 + 7 = 28이고 29번째부터 8이 처음으로 나온다.

문제 2 다음은 국가별 수출액 지수를 나타낸 그림이다. 2000년에 비하여 2006년의 수입량이 가장 크게 증가한 국가는?

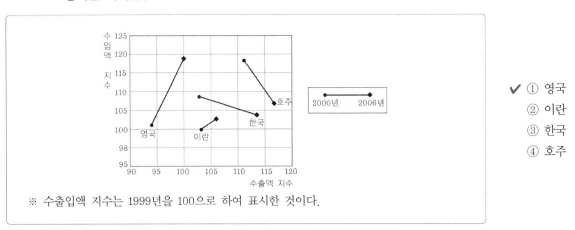

✔ ① 영국
② 이란
③ 한국
④ 호주

※ 수출입액 지수는 1999년을 100으로 하여 표시한 것이다.

> **해설** 수입량이 증가한 나라는 영국과 이란 뿐이며, 한국과 호주는 감소하였다.
> 영국과 이란 중 가파른 상승세를 나타내는 것이 크게 증가한 것을 나타내므로 영국의 수입량이 가장 크게 증가한 것으로 볼 수 있다.

CHAPTER

공간능력 03

간부선발도구 예시문

공간능력검사는 입체도형의 전개도를 고르는 문제, 전개도를 입체도형으로 만드는 문제, 제시된 그림처럼 블록을 쌓을 경우 그 블록의 개수 구하는 문제, 제시된 블록들을 화살표 표시한 방향에서 바라봤을 때의 모양으로 고르는 문제 등 4가지 유형으로 구분할 수 있다. 물론 유형의 변경은 사정에 의해 발생할 수 있음을 숙지하여 여러 가지 공간능력에 관한 문제를 접해보는 것이 좋다.

[유형 ① 문제 푸는 요령]

유형 ①은 주어진 입체도형을 전개하여 전개도로 만들 때 그 전개도에 해당하는 것을 찾는 형태로 주어진 조건에 의해 기호 및 문자는 회전에 반영하지 않으며, 그림만 회전의 효과를 반영한다는 것을 숙지하여 정확한 전개도를 고르는 문제이다. 그러므로 그림의 모양은 입체도형의 상, 하, 좌, 우에 따라 변할 수 있음을 알아야 하며, 기호 및 문자는 항상 우리가 보는 모양으로 회전되지 않는다는 것을 알아야 한다.

제시된 입체도형은 정육면체이므로 정육면체를 만들 수 있는 전개도의 모양과 보는 위치에 따라 돌아갈 수 있는 그림을 빠른 시간에 파악해야 한다. 문제보다 보기를 먼저 살펴보는 것이 유리하다.

문제 1 다음 입체도형의 전개도로 알맞은 것은?

- 입체도형을 전개하여 전개도를 만들 때, 전개도에 표시된 그림(예 : ▮, ◪ 등)은 회전의 효과를 반영함. 즉, 본 문제의 풀이과정에서 보기의 전개도 상에 표시된 "▮"와 "▬"은 서로 다른 것으로 취급함.
- 단, 기호 및 문자(예 : ☎, ♤, ♨, K, H)의 회전에 의한 효과는 본 문제의 풀이과정에 반영하지 않음. 즉, 입체도형을 펼쳐 전개도를 만들었을 때에 "☎"의 방향으로 나타나는 기호 및 문자도 보기에서는 "☎"방향으로 표시하며 동일한 것으로 취급함.

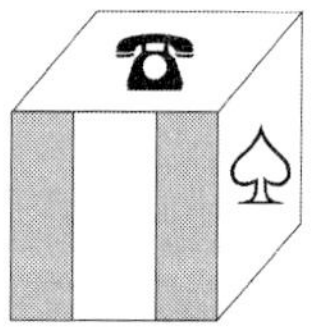

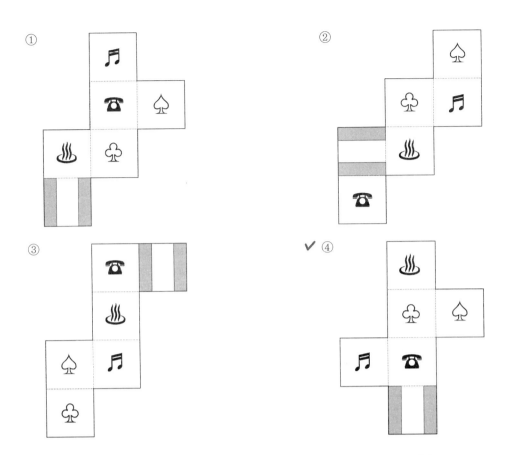

① ② ③ ✔④

▣해설 ▋ 모양의 윗면과 오른쪽 면에 위치하는 기호를 찾으면 쉽게 문제를 풀 수 있다. 기호나 문자는 회전을 적용하지 않으므로 4번이 답이 된다.

[유형 ② 문제 푸는 요령]

유형 ②는 평면도형인 전개도를 접어 나오는 입체도형을 고르는 문제이다. 유형 ①과 마찬가지로 기호나 문자는 회전을 적용하지 않는다고 조건을 제시하였으므로 그림의 모양만 신경을 쓰면 된다.

보기에 제시된 입체도형의 윗면과 옆면을 잘 살펴보면 답의 실마리를 찾을 수 있다. 그림의 위치에 따라 윗면과 옆면에 나타나는 문자가 달라지므로 유의하여야 한다. 그림을 중심으로 어느 면에 어떤 문자가 오는지를 파악하는 것이 중요하다.

문제 2 다음 전개도로 만든 입체도형에 해당하는 것은?

- 전개도를 접을 때 전개도 상의 그림, 기호, 문자가 입체도형의 겉면에 표시되는 방향으로 접음
- 전개도를 접어 입체도형을 만들 때, 전개도에 표시된 그림(예 : ▐, ◣ 등)은 회전의 효과를 반영함. 즉, 본 문제의 풀이과정에서 보기의 전개도 상에 표시된 "▐"와 "▬"은 서로 다른 것으로 취급함.
- 단, 기호 및 문자(예 : ☎, ♨, ♨, K, H)의 회전에 의한 효과는 본 문제의 풀이과정에 반영하지 않음. 즉, 전개도를 접어 입체도형을 만들었을 때에 "☏"의 방향으로 나타나는 기호 및 문자도 보기에서는 "☎" 방향으로 표시하며 동일한 것으로 취급함.

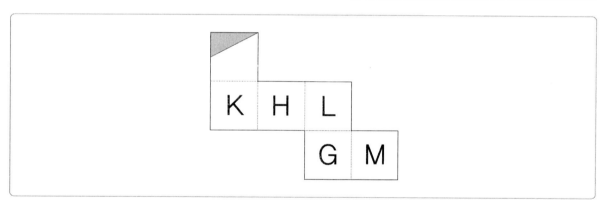

① 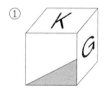 ✔ ② 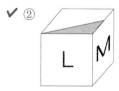 ③ 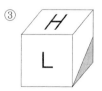 ④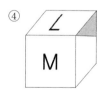

그림의 색칠된 삼각형 모양의 위치를 먼저 살펴보면
① G의 위치에 M이 와야 한다.
③ L의 위치에 H, H의 위치에 K가 와야 한다.
④ 그림의 모양이 좌우 반전이 되어야 한다.

유형 ③은 쌓아 놓은 블록을 보고 여기에 사용된 블록의 개수를 구하는 문제이다. 블록은 모두 크기가 동일한 정육면체라고 조건을 제시하였으므로 블록의 모양은 신경을 쓸 필요가 없다.

블록의 위치가 뒤쪽에 위치한 것인지 앞쪽에 위치한 것 인지에서부터 시작하여 몇 단으로 쌓아 올려져 있는지를 빠르게 파악해야 한다. 가장 아랫면에 존재하는 개수를 파악하고 한 단씩 위로 올라가면서 개수를 파악해도 되며, 앞에서부터 보이는 블록의 수부터 개수를 세어도 무방하다. 그러나 겹치거나 뒤에 살짝 보이는 부분까지 신경 써야 함은 잊지 말아야 한다. 단 1개의 블록으로 문제의 승패가 좌우된다.

문제 3 아래에 제시된 그림과 같이 쌓기 위해 필요한 블록의 수는?
(단, 블록은 모양과 크기는 모두 동일한 정육면체이다)

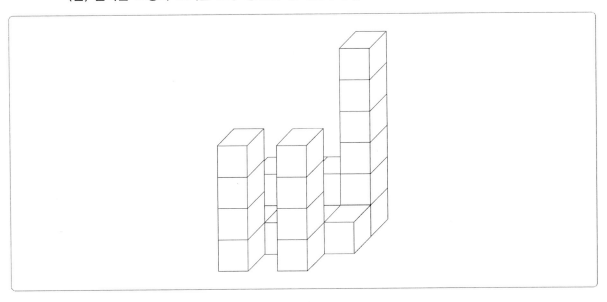

① 18

② 20

③ 22

✔ ④ 24

그림을 쉽게 생각하면 블록이 4개씩 붙어 있다고 보면 쉽다. 앞에 2개, 뒤에 눕혀서 3개, 맨 오른쪽 눕혀진 블록들 위에 1개, 4개씩 쌓아진 블록이 6개 존재하므로 24개가 된다.
시간이 많다면 하나하나 세어도 좋다.

유형 ④는 제시된 그림에 있는 블록들을 오른쪽, 왼쪽, 위쪽 등으로 돌렸을 때의 모양을 찾는 문제이다.

모두 동일한 정육면체이며, 원근에 의해 블록이 작아 보이는 효과는 고려하지 않는다는 조건이 제시되어 있으므로 블록이 위치한 지점을 정확하게 파악하는 것이 중요하다.

실수로 중간에 있는 블록의 모양을 놓치는 경우가 있으므로 쉽게 모눈종이 위에 놓여 있다고 생각하며 문제를 풀면 쉽게 해결할 수 있다.

문제 ④ 아래에 제시된 블록들을 화살표 표시한 방향에서 바라봤을 때의 모양으로 알맞은 것은?

- 블록은 모양과 크기는 모두 동일한 정육면체임
- 바라보는 시선의 방향은 블록의 면과 수직을 이루며 원근에 의해 블록이 작게 보이는 효과는 고려하지 않음

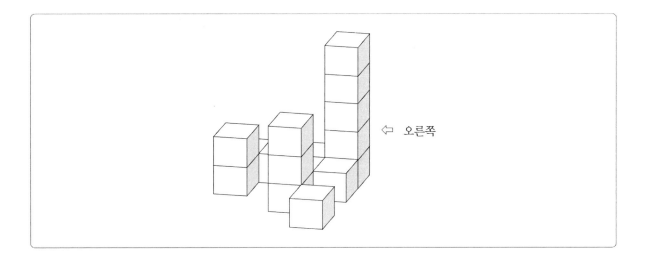

⇐ 오른쪽

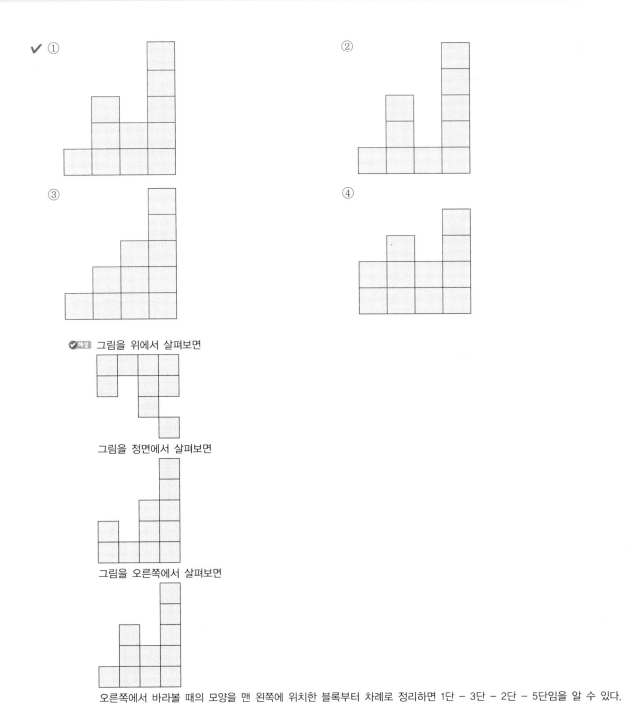

✔ ①

②

③

④

◆ 해설 그림을 위에서 살펴보면

그림을 정면에서 살펴보면

그림을 오른쪽에서 살펴보면

오른쪽에서 바라볼 때의 모양을 맨 왼쪽에 위치한 블록부터 차례로 정리하면 1단 - 3단 - 2단 - 5단임을 알 수 있다.

지각속도  04

간부선발도구 예시문

지각속도검사는 암호해석능력을 묻는 유형으로 눈으로 직접 읽고 문제를 해결하는 능력을 측정하기 위한 검사로 빠른 속도와 정확성을 요구하는 문제가 출제된다. 시간을 정해 최대한 빠른 시간 안에 문제를 정확하게 풀 수 있는 연습이 필요하며 간혹 시간이 촉박하여 찍는 경우가 있는데 오답시에는 감점처리가 적용된다.

지각속도검사는 지각 속도를 측정하기 위한 검사로 틀릴 경우 감점으로 채점하고, 풀지 않은 문제는 0점으로 채점이 된다. 총 30문제로 구성이 되며 제한시간은 3분이므로 많은 연습을 통해 빠르게 푸는 요령을 습득하여야 한다.

본 검사는 지각 속도를 측정하기 위한 검사입니다.

제시된 문제를 잘 읽고 아래의 예제와 같은 방식으로 가능한 한 빠르고 정확하게 답해 주시기 바랍니다.

[유형 ①] 대응하기

아래의 문제 유형은 일련의 문자, 숫자, 기호의 짝을 제시한 후 특정한 문자에 해당되는 코드를 빠르게 선택하는 문제입니다.

문제 1 아래 〈보기〉의 왼쪽과 오른쪽 기호의 대응을 참고하여 각 문제의 대응이 같으면 답안지에 '① 맞음'을, 틀리면 '② 틀림'을 선택하시오.

─── 〈보기〉 ───

a = 강	b = 응	c = 산	d = 전
e = 남	f = 도	g = 길	h = 아

강 응 산 전 남 – a b c d e

✔ ① 맞음   ② 틀림

〈보기〉의 내용을 보면 강=a, 응=b, 산=c, 전=d, 남=e이므로 a b c d e이므로 맞다.

[유형 ②] 숫자세기

아래의 문제 유형은 제시된 문자군, 문장, 숫자 중 특정한 문자 혹은 숫자의 개수를 빠르게 세어 표시하는 문제입니다.

문제 2 다음의 〈보기〉에서 각 문제의 왼쪽에 표시된 굵은 글씨체의 기호, 문자, 숫자의 갯수를 모두 세어 오른쪽 개수에서 찾으시오.

――― 〈보기〉 ―――

3   78302064206820487203873079620504067321

① 2개   ✔ ② 4개
③ 6개   ④ 8개

　　　✅해설 나열된 수에 3이 몇 번 들어 있는가를 빠르게 확인하여야 한다.
　　　　　78**3**02064206820487203**8**7**3**0796205040673**2**1 → 4개

――― 〈보기〉 ―――

ㄴ   나의 살던 고향은 꽃피는 산골

① 2개   ② 4개
✔ ③ 6개   ④ 8개

　　　✅해설 나열된 문장에 ㄴ이 몇 번 들어갔는지 확인하여야 한다.
　　　　　나의 살**던** 고향**은** 꽃피**는** 산골 → 6개

상황판단평가

간부선발도구 예시문

초급 간부 선발용 상황판단평가는 군 상황에서 실제 취할 수 있는 대응행동에 대한 지원자의 태도/가치에 대한 적합도 진단을 하는 검사이다. 군에서 일어날 수 있는 다양한 가상 상황을 제시하고, 지원자로 하여금 선택지 중에서 가장 할 것 같은 행동과 가장 하지 않을 것 같은 행동을 선택하게 하여, 지원자의 행동이 조직(군)에서 요구되는 행동과 일치하는지 여부를 판단한다. 상황판단평가는 인적성 검사가 반영하지 못하는 해당 조직만의 직무상황을 반영할 수 있으며, 인지요인/성격요인/과거 일을 했던 경험을 모두 간접 측정할 수 있고, 군에서 추구하는 가치와 역량이 행동으로 어떻게 표출되는지를 반영한다.

01 예시문제

당신은 소대장이며, 당신의 소대에는 음주와 관련한 문제가 있다. 특히 한 병사는 음주운전으로 인하여 민간인을 사망케 한 사고로 인해 아직도 감옥에 있고, 몰래 술을 마시고 소대원들끼리 서로 주먹다툼을 벌인 사고도 있었다. 당신은 이 문제에 대해 지대한 관심을 가지고 있으며, 병사들에게 문제의 심각성을 알리고 부대에 영향을 주기 위한 무엇인가를 하려고 한다. 이 상황에서 당신은 어떻게 할 것인가?

위 상황에서 당신은 어떻게 행동 하시겠습니까?

① 음주조사를 위해 수시로 건강 및 내무검사를 실시한다.

② 알코올 관련 전문가를 초청하여 알코올 중독 및 남용의 위험에 대한 강연을 듣는다.

③ 병사들에 대하여 엄격하게 대우한다. 사소한 것이라도 위반을 하면 가장 엄중한 징계를 할 것이라고 한다.

④ 전체 부대원에게 음주 운전 사망사건으로 인하여 감옥에 가 있는 병사에 대한 사례를 구체적으로 설명해준다.

M. 가장 취할 것 같은 행동 (①)
L. 가장 취하지 않을 것 같은 행동 (③)

02 답안지 표시방법

자신을 가장 잘 나타내고 있는 보기의 번호를 'M(Most)'에 표시하고, 자신과 가장 먼 보기의 번호를 'L(Least)'에 각각 표시한다.

상황판단검사					
1	M	●	②	③	④	⑤
	L	①	②	●	④	⑤

03 주의사항

상황판단평가는 객관적인 정답이 존재하지 않으며, 대신 검사 개발당시 주제 전문가들의 의견과 후보생들을 대상으로 한 충분한 예비검사 시행 및 분석과정을 거쳐 경험적인 답이 만들어진다. 때문에 따로 공부를 한다고 해서 성적이 오르는 분야가 아니다. 문제집을 통해 유형만 익힐 수 있도록 하는 것이 좋다.

06 직무성격평가

간부선발도구 예시문

초급 간부 선발용 직무성격평가는 총 180문항으로 이루어져 있으며, 검사시간은 30분이다. 초급 간부에게 요구되는 역량과 관련된 성격 요인들을 측정할 수 있도록 개발되었다. 가끔 지원자를 당황하게 하는 문제들도 있으므로 당황하지 말고 솔직하게 대답하는 것이 좋다. 너무 의식하면서 답을 하게 되면 일관성이 떨어질 수 있기 때문이다.

01 주의사항

- 응답을 하실 때는 자신이 앞으로 되기 바라는 모습이나 바람직하다고 생각하는 모습을 응답하지 마시고, 평소에 자신이 생각하는 바를 최대한 솔직하게 응답하는 것이 좋습니다.
- 총 180문항을 30분 내에 응답해야 합니다. 한 문항을 지나치게 깊게 생각하지 마시고, 머릿속에 떠오르는 대로 "OMR답안지"에 바로바로 응답하시기 바랍니다.
- 본 검사는 귀하의 의견이나 행동을 나타내는 문항으로 구성되어 있습니다. 각각의 문항을 읽고 그 문항이 자기 자신을 얼마나 잘 나타내고 있는지를, 제시한 〈응답 척도〉와 같이 응답지에 답해 주시기 바랍니다.

02 응답척도

'1' = 전혀 그렇지 않다	●	②	③	④	⑤
'2' = 그렇지 않다	①	●	③	④	⑤
'3' = 보통이다	①	②	●	④	⑤
'4' = 그렇다	①	②	③	●	⑤
'5' = 매우 그렇다	①	②	③	④	●

03 예시문제

다음 상황을 읽고 제시된 질문에 답하시오.

① 전혀 그렇지 않다　　② 그렇지 않다　　③ 보통이다　　④ 그렇다　　⑤ 매우 그렇다

001	조직(학교나 부대) 생활에서 여러 가지 다양한 일을 해보고 싶다.	①	②	③	④	⑤
002	아무것도 아닌 일에 지나치게 걱정하는 때가 있다.	①	②	③	④	⑤
003	조직(학교나 부대) 생활에서 작은 일에도 걱정을 많이 하는 편이다.	①	②	③	④	⑤
004	여행을 가기 전에 미리 세세한 일정을 준비한다.	①	②	③	④	⑤
005	조직(학교나 부대) 생활에서 매사에 마음이 여유롭고 느긋한 편이다.	①	②	③	④	⑤
006	친구들과 자주 다툼을 한다.	①	②	③	④	⑤
007	시간 약속을 어기는 경우가 종종 있다.	①	②	③	④	⑤
008	자신이 맡은 일은 책임지고 끝내야 하는 성격이다.	①	②	③	④	⑤
009	부모님의 말씀에 항상 순종한다.	①	②	③	④	⑤
010	외향적인 성격이다.	①	②	③	④	⑤

PART

01

인지능력평가

01 언어논리

≫ 정답 및 해설 **p.200**

Q 다음 문맥상 ( ) 안에 들어갈 알맞은 단어로 가장 적절한 것을 고르시오. 【01~04】

01

> 형은 오만하게 반말로 소리쳤다. 그리고는 좀 전까지 그녀가 앉아 있던 책상 앞의 의자로 가서 의젓하게 팔짱을 끼고 앉았다. 그녀는 형의 (   )적인 태도에 눌려서 꼼짝하지 않고 서 있었다.

① 강압   ② 억압
③ 위압   ④ 폭압
⑤ 중압

02

> 그렇게 기세등등했던 영감이 병색이 짙은 (   )한 얼굴을 하고 묏등이 파헤쳐지는 것을 지켜보고 있었다.

① 명석   ② 초췌
③ 비굴   ④ 좌절
⑤ 고상

03

마장마술은 말을 (   )해 규정되어 있는 각종 예술적인 동작을 선보이는 것이다. 승마 중에서도 예술성을 가장 중시하는 종목으로, 종종 발레나 피겨 스케이팅에 비유되곤 한다. 심사위원이 채점한 점수로 순위가 결정된다.

① 가련
② 미련
③ 권련
④ 조련
⑤ 시련

04 다음 (   ) 안에 들어갈 말로 가장 적절한 것은?

이러한 관점에서 조형 미술에서는 '소유와 존재'의 문제를 균형 있게 다루어야 하는 지혜를 필요로 한다. 그리고 소유가 인류 공통의 필요, 충분조건이라면 존재(예술)는 문화 인류학적 주제와 고유한 미적 가치를 구한다. 그러므로 현대와 조형 미술에서 감각에 대한 개념을 소유와 존재의 인식을 바탕으로 생각해 보면 감각이 '세계로 통하는 공통된 언어'라고 잘못 이해되고 있는 경우를 경계해야 한다.

(   ) 햄버거 맛과 청바지의 감각은 미국 문화의 감각이며, 우리 음식맛과 여유 있는 헐렁헐렁한 옷은 한국 문화의 감각이다. 여기서 햄버거나 청바지는 다른 나라들에겐 소유로서의 감각 대상이며, 미국인들에게는 존재로서의 감각 대상이다.

그러므로 현대 조형 미술은 고유한 언어와 역사, 문화를 가지고 있는 곳에서는 존재적 감각이며, 다른 세계에서는 소유적 감각이 된다. 따라서 소유적 가치가 없는 조형 미술은 존재 가치의 감각도 없으며, 존재적 가치가 없는 조형 미술은 소유적 가치가 없을 뿐만 아니라 교환 가치도 없다는 것이다. 그래서 영국 조형 미술의 정신은 영국인의 존재를 증언하며, 독일 조형 미술의 정신은 독일인의 존재를 증언한다. 이와 같이 모든 나라들은 자신의 역사와 문화, 예술과 삶을 지켜온 그들만의 독특한 인류학적 기질과 성향을 말하는 아비투스와 사상과 철학에 바탕을 둔 정신적 존재를 조형 미술을 통하여 증언하여야 한다.

① 예를 들어
② 그러므로
③ 하지만
④ 그리고
⑤ 또한

05 다음에 제시되는 네 개의 문장을 문맥에 맞는 순서대로 나열한 것은?

⊙ 자본주의 사회에서 상대적으로 부유한 집단, 지역, 국가는 환경적 피해를 약자에게 전가하거나 기술적으로 회피할 수 있는 가능성을 가진다.

⊙ 오늘날 환경문제는 특정한 개별 지역이나 국가의 문제에서 나아가 전 지구의 문제로 확대되었지만, 이로 인한 피해는 사회공간적으로 취약한 특정 계층이나 지역에 집중적으로 나타나는 환경적 불평등을 야기하고 있다.

⊙ 인간사회와 자연환경간의 긴장관계 속에서 발생하고 있는 오늘날 환경위기의 해결 가능성은 논리적으로 뿐만 아니라 역사적으로 과학기술과 생산조직의 발전을 규정하는 사회적 생산관계의 전환을 통해서만 실현될 수 있다.

⊙ 부유한 국가나 지역은 마치 환경문제를 스스로 해결한 것처럼 보이기도 하며, 나아가 자본주의 경제 체제 자체가 환경문제를 해결(또는 최소한 지연)할 수 있는 능력을 갖춘 것처럼 홍보되기도 한다.

---

① ㉡㉠㉢㉣
② ㉠㉡㉣㉢
③ ㉡㉠㉣㉢
④ ㉡㉣㉠㉢
⑤ ㉢㉠㉣㉡

06 다음 문장을 순서대로 바르게 나열한 것은?

㉠ 베트남 전쟁에서의 패배와 과도한 군사비 부담에 직면한 미국은 동아시아의 질서를 안정적으로 재편하고자 하였다.

㉡ 이에 1971년 대한적십자사가 먼저 이산가족의 재회를 위한 남북 적십자 회담을 제의하였고, 곧바로 북한적십자회가 이를 수락하여 회답을 보내왔다.

㉢ 미국의 이와 같은 바람은 미·중 수교를 위한 중국과의 외교적 접촉으로 이어져, 1971년 중국의 UN 가입과 1972년 닉슨의 중국 방문이 성사되었다.

㉣ '데탕트'라 불리는 이와 같은 국제 정세의 변동은 한반도에도 영향을 미쳤다. 미국과 중국은 남·북한에 긴장 회복을 위한 조치들을 취하도록 촉구하였다.

㉤ 1970년 미국이 발표한 닉슨 독트린은 동아시아의 긴장 완화를 통하여 소련과 베트남을 견제하고 자국의 군비 부담을 줄이고자 하는 의도를 담고 있다.

---

① ㉠㉤㉢㉣㉡
② ㉡㉢㉣㉤㉠
③ ㉢㉣㉤㉠㉡
④ ㉣㉤㉠㉡㉢
⑤ ㉤㉠㉡㉢㉣

07 다음 두 단어의 관계를 유추하여 빈칸에 알맞은 단어를 고른 것은?

> 인문학 : 철학 = 역사 : (   )

① 문학   ② 학문
③ 자연과학   ④ 국어
⑤ 국사

08 다음 자료를 바탕으로 쓸 수 있는 글의 주제로서 가장 적절한 것은?

> • 몸이 조금 피곤하다고 해서 버스나 전철의 경로석에 앉아서야 되겠는가?
> • 아무도 다니지 않는 한밤중에 붉은 신호등을 지킨 장애인 운전기사 이야기는 우리에게 감동을 주고 있다.
> • 개같이 벌어 정승같이 쓴다는 말이 정당하지 않은 방법까지 써서 돈을 벌어도 좋다는 뜻은 아니다.

① 인간은 자신의 신념을 지키기 위해 일관된 행위를 해야 한다.
② 민주 시민이라면 부조리한 현실을 외면하지 말고 그에 당당히 맞서야 한다.
③ 도덕성 회복이야말로 현대 사회의 병폐를 치유할 수 있는 최선의 방법이다.
④ 개인의 이익과 배치된다 할지라도 사회 구성원이 합의한 규약은 지켜야 한다.
⑤ 타인에게 피해를 주지 않는 선에서 개인은 자유를 마음껏 누릴 수 있어야 한다.

09 다음 제시된 글의 설명 방법으로 옳은 것은?

> 무릇 살 터를 잡는 데는, 첫째 지리가 좋아야 하고, 다음은 생리가 좋아야 하며, 다음으로 인심이 좋아야 하고 또 다음은 아름다운 산과 물이 있어야 한다. 이 네 가지에서 하나라도 모자라면 살기 좋은 땅이 아니다.

① 비교 · 대조　　　　　　　　　　② 분류
③ 분석　　　　　　　　　　　　　　④ 예시
⑤ 정의

10 다음의 ㉠, ㉡에 들어갈 말로 적절한 것은?

> 우리에게 소중한 인간관계를 유지하는 데 필요한 정서적 요인 중 하나가 '정'이다. 정은 혼자 있을 때나 고립되어 있을 때는 우러날 수 없다. 항상 어떤 '관계'가 있어야만 생겨나는 감정이다. 그래서 정은 (㉠) 반응의 산물이다. 관계에서 우러나는 것이긴 하지만 그 관계의 시간적 지속과 밀접한 연관이 있다. 예컨대 순간적이거나 잠깐 동안의 관계에서는 정이 우러나지 않는다. 첫눈에 반한다는 말처럼 사랑은 순간에도 촉발되지만 정은 그렇지 않다. 많은 시간을 함께 보내야만 우러난다. 비록 그 관계가 굳이 사람이 아닌 짐승이나 나무, 산천일지라도 지속적인 관계가 유지되면 정이 생긴다. 정의 발생 빈도나 농도는 관계의 지속 시간과 (㉡)한다.

① 상대적, 비례　　　　　　　　　　② 절대적, 일치
③ 객관적, 반비례　　　　　　　　　④ 주관적, 불일치
⑤ 보편적, 비례

11 다음 문장들을 논리적 순서로 배열할 때 가장 적절한 것은?

> ㉠ 이는 말레이 민족 위주의 우월적 민족주의 경향이 생기면서 문화적 다원성을 확보하는 데 뒤처진 경험을 갖고 있는 말레이시아의 경우와 대비되기도 한다.
>
> ㉡ 지금과 같은 세계화 시대에 다원주의적 문화 정체성은 반드시 필요한 것이기 때문에 이러한 점은 긍정적이다.
>
> ㉢ 영어 공용화 국가의 상황을 긍정적 측면에서 본다면, 영어 공용화 실시는 인종 중심적 문화로부터 탈피하여 다원주의적 문화 정체성을 수립하는 계기가 될 수 있다.
>
> ㉣ 그러나 영어 공용화 국가는 모두 다민족 다언어 국가이기 때문에 한국과 같은 단일 민족 단일 모국어 국가와는 처한 환경이 많이 다르다.
>
> ㉤ 특히, 싱가포르인들은 영어를 통해 국가적 통합을 이룰 뿐만 아니라 다양한 민족어를 수용함으로써 문화적 다원성을 일찍부터 체득할 수 있는 기회를 얻고 있다.

① ㉢㉤㉣㉠㉡
② ㉢㉡㉠㉤㉣
③ ㉢㉤㉡㉣㉠
④ ㉢㉡㉤㉠㉣
⑤ ㉢㉤㉡㉠㉣

12 두 단어의 관계가 나머지 넷과 다른 것은?

① 미연 : 사전
② 박정 : 냉담
③ 타계 : 영면
④ 간섭 : 방임
⑤ 사모 : 동경

13 제시된 글의 논지 전개 과정으로 옳은 것은?

> ㉠ 집단생활을 하는 것은 인간만이 아니다.
> ㉡ 유인원, 어류, 조류 등도 집단생활을 하며, 그 안에는 계층적 차이까지 있다.
> ㉢ 특히 유인원은 혈연적 유대를 기초로 하는 가족 집단이 있고, 성에 의한 분업이 행해지며, 새끼를 위한 공동 작업도 있어 인간의 가족생활과 유사한 점이 많다.
> ㉣ 그러나 이것은 다만 본능에 따른 것이므로, 창조적인 인간의 그것과는 구별된다.
> ㉤ 따라서 이들의 집단을 군집이라 하고, 인간의 집단을 사회라고 불러 이들을 구별한다.

① ㉠은 ㉡의 원인이다.
② ㉡은 ㉢의 반론이다.
③ ㉢은 ㉣의 이유이다.
④ ㉤은 ㉣의 부연이다.
⑤ ㉣은 ㉤의 근거이다.

Q 다음 제시된 문장의 밑줄 친 부분과 같은 의미로 쓰인 것을 고르시오. 【14~16】

14

> 새 학기가 되어서 반장을 <u>맡게</u> 되었다.

① 어르신의 보따리를 <u>맡아</u> 두다.
② 친구의 자리를 <u>맡아</u> 두어라.
③ 허락을 <u>맡고</u> 나가라.
④ 자기가 <u>맡은</u> 일을 잘해라.
⑤ 그 물건은 내가 <u>맡아</u> 둘게.

15

그녀의 의견에 대한 비판이 점차 <u>줄었다</u>.

① 인식이 <u>줄었다</u>.
② 너무 오래 끓여서 찌개가 반으로 <u>줄었다</u>.
③ 아프고 나서 몸무게가 <u>줄었다</u>.
④ 벌금이 100만 원에서 50만 원으로 <u>줄었다</u>.
⑤ 빨래를 했더니 옷이 <u>줄었다</u>.

16

엄숙함과 경건함이 잘 드러나도록 <u>그린</u> 예술작품

① 고국을 <u>그리다</u>.
② 풍경을 <u>그리다</u>.
③ 인간의 고뇌를 <u>그린</u> 소설
④ 미래의 내 모습을 <u>그리다</u>.
⑤ 안내원은 나에게 약도를 <u>그려</u> 주었다.

Q 다음 제시된 문장의 밑줄 친 부분과 다른 의미로 쓰인 것을 고르시오. 【17~19】

17

> 점령군의 편의를 위해 이루어진 약속이 결국 조국분단의 비극을 <u>낳았다</u>.

① 소문이 소문을 <u>낳는다</u>.
② 계속되는 거짓과 위선이 불신을 <u>낳아</u> 협력관계가 흔들리고 말았다.
③ 그는 우리나라가 <u>낳은</u> 세계적인 피아니스트이다.
④ 그의 행색이 남루함에도 불구하고 몸에 밴 어떤 위엄이 그런 추측을 <u>낳은</u> 것이다.
⑤ 한국전쟁은 조국 분단의 비극을 <u>낳았다</u>.

18

> 그는 보는 <u>눈</u>이 정확하다.

① 그 안경점에는 내 <u>눈</u>에 맞는 안경이 없다.
② 내 <u>눈</u>에는 이 건물의 골조가 튼튼하지 않은 것으로 보인다.
③ 유권자의 현명한 <u>눈</u>을 흐리려는 행위는 완전히 근절되어야 한다.
④ 이 책은 세계화를 보는 다양한 <u>눈</u>을 제공한다.
⑤ 여행은 세상 보는 <u>눈</u>을 넓히는 좋은 방법이다.

19

> 수심이 <u>깊다.</u>

① 수영할 때 <u>깊은</u> 곳에는 가지 마라.
② 그 우물은 매우 <u>깊었다.</u>
③ 바닥이 <u>깊고</u> 기름진 논.
④ <u>깊은</u> 생각에 잠기다.
⑤ 나무의 뿌리가 <u>깊은</u> 곳까지 닿아 있다.

20 다음 글에서 밑줄 친 부분에 대한 글쓴이의 태도로 가장 알맞은 것은?

> 아파트 이름을 영어로 짓는 게 유행이다. 정겨운 우리말을 뒷전으로 보내고 영어 이름에 매달리는 데는 영어가 왠지 더 '폼 나 보인다.'는 생각이 작용한 듯하다. 게다가 영어 이름을 붙이면 아파트의 가치가 높아질 것이라는 기대마저 깔려 있지 않나 싶다. 영어가 세계어가 된 마당에 <u>아파트 이름 하나 영어로 짓는 일이 뭐 그리 대수냐고 반문</u>할 수도 있다. 하지만 요즘의 무분별한 영어 사용은 사실 한문, 일본어, 영어로 이어지는 우리의 언어사대주의와 무관하지 않을 것이다. 이상야릇한 영어 아파트 이름들을 끊임없이 듣노라면 씁쓸함을 넘어 이래도 되나 싶은 마음까지 든다.

① 의심   ② 냉담
③ 증오   ④ 우려
⑤ 낙관

Q 다음에 제시된 문장의 밑줄 친 부분과 의미가 가장 다른 것을 고르시오. 【21~22】

21 ① 경찰은 시민들이 불안해하지 않도록 그 소문이 퍼지는 것을 <u>막았다</u>.
　② 학생들이 교문으로 향하는 길을 <u>막았다</u>.
　③ 보트에 물이 새는 곳을 <u>막았다</u>.
　④ 소음 때문에 귀를 <u>막았던</u> 솜을 빼었다.
　⑤ 사람들은 가스 냄새 때문에 코를 <u>막고</u> 대피했다.

22 ① 초등학교 시절의 옛 친구를 <u>만났다</u>.
　② 선배를 <u>만나러</u> 학교로 갔다.
　③ 첫사랑을 거리에서 우연히 <u>만났다</u>.
　④ 태풍을 <u>만나</u> 그 여객선은 침몰할 뻔 했다.
　⑤ 동생과 극장에서 <u>만나기로</u> 약속했다.

23 다음 밑줄 친 ㉠과 같은 의미로 사용된 것은?

> 한글 맞춤법은 표준어를 소리 ㉠나는 대로 적되, 어법에 맞도록 함을 원칙으로 하고 있다. 표준어를 소리 나는 대로 적는다는 것은 표준어의 발음대로 적는다는 뜻이다.
> 그런데 이 원칙만을 적용하기 어려운 경우도 있다. 예를 들어, '꽃(花)'이란 단어의 경우 '꽃', '꽃이', '꽃나무' 를 소리대로 적으면 [꼰], [꼬치], [꼰나무]가 되는데, 이와 같이 적으면 그 뜻이 얼른 파악되지 않고 독서 의 능률도 크게 떨어질 수 있다. 그래서 '꽃'처럼 형태소의 본 모양을 밝히어 적는 방법, 즉 어법에 맞도록 한다는 또 하나의 원칙이 붙은 것이다.

① 금의환향하는 그의 얼굴에서 광채가 <u>나는</u> 것 같다.
② 내 일기장에는 누군가 훔쳐본 흔적이 <u>나</u> 있었다.
③ 학교에서 폭력사건이 <u>났다는</u> 것은 매우 유감스러운 일이다.
④ 그는 학계에 이름이 <u>나</u> 있다.
⑤ 그는 이곳에서 <u>나서</u> 평생을 살았다.

24 다음 중 단어의 쓰임이 옳지 않은 것은?

① 세계신기록을 갱신하다.
② 면허를 갱신하다.
③ 도서리스트를 갱신하다.
④ 공인인증서를 갱신하다.
⑤ 계약을 갱신하다.

25 다음 밑줄 친 ㉠과 같은 의미로 사용된 것은?

> '법'이란 군주가 신하를 포함한 백성을 통제하는 공개적이고 구체적인 규칙으로, 형법적 측면이 ㉠강하며 군주로부터 권위를 부여받은 신하가 집행한다. '법'은 '세'를 바탕으로 군주를 제외한 어느 누구에게도 예외 없이 적용되어야 한다. 이때 '세'란 군주라는 자리가 가진 절대적 권위를 의미한다. 그리고 '술'이란 군주가 신하들을 지배하는 방법으로, 평소 신하들의 언행에 대한 정보를 수집하여 가슴속에 넣어 두고 활용하는 것이다.

① 형사는 범인의 손을 강하게 잡고 수갑을 채웠다.
② 농사를 잘 지으려면 힘이 강해야 할 게 아닌가.
③ 나는 주먹을 쥐어 그 얼굴을 강하게 후려쳤다.
④ 부서가 연이어 울더니 탕탕탕 문을 부숴 버릴 듯한 강한 기세로 발길질하는 소리가 들려왔다.
⑤ 본인이 느끼기에 상병 황칠성은 성격이 날카로우면서도 책임감이 강한 사람이었다.

26 다음 밑줄 친 ㉠과 같은 의미로 사용된 것은?

> 삼국의 운명을 결정하는 전쟁에서 왕의 명을 받은 제갈량이 위나라를 공격할 무렵의 일이었다. 위나라는 사마의를 ㉠보내 방어하도록 하였다. 이에 제갈량이 매우 아끼던 장수 마속이 출정을 자원하면서, 실패하면 목숨을 내놓겠다고 했다. 제갈량은 마속에게 평지에 진을 치라는 명령을 내렸지만 마속은 이를 어기고 산에 진을 쳤다가 대패했다. 제갈량은 눈물을 머금고 군령을 어긴 마속을 처형할 수밖에 없었다. 제갈량의 결정은 엄격한 군율이 살아 있음을 전군에 알리기 위한 선택이었다.

① 그녀는 딸을 부잣집에 시집 보내기를 원했다.
② 늦게 아들을 본 그 부부가 50이 돼서야 그 아이를 학교에 보낸다.
③ 제동은 여사무원을 보내고 나서 에어컨을 끄고 창문마다 일일이 안으로 덧문을 달아 걸고는 밖으로 나왔다.
④ 검사는 사람을 현장으로 보내어 사건을 조사하게 하였다.
⑤ 부대는 구례에서 겨우 하룻밤을 보내고 다음날 남원으로 출발했다.

27 다음 밑줄 친 ⑤과 같은 의미로 사용된 것은?

> 자연 상태의 산화구리에서 구리를 얻기 위해 숯(탄소)을 넣고 가열하는 방법은 옛날부터 사용해 왔다. 화학적인 관점에서 보면 이것은 산소가 구리보다 탄소와 더 잘 결합하는 성질을 ⑤이용한 것이라고 할 수 있다. 18세기 이후 화학자들은 화합물을 만들 때 물질 간에는 더 잘 결합하는 정도, 즉 화학적 친화력이 있다고 보고 이를 규명하기 위해 노력하였다.

① 그는 나를 이용해서 출세를 할 생각이었다.
② 함정은 골짜기를 이용한 것이기 때문에 세 길 이상이나 되었다.
③ 그들은 기회만 있으면 가족을 이끌고 짐을 지고 도망쳤고, 밤을 이용해 도망가고, 틈을 엿보아 도망갔다.
④ 그는 기민한 수완가나 장사꾼은 난세를 가장 훌륭히 이용하고 요리하는 인물이라고 믿고 있었다.
⑤ 학문을 출세의 수단으로 이용하다.

28 다음 밑줄 친 ⑤과 같은 의미로 사용된 것은?

> 콩나물의 가격 변화에 ⑤따라 콩나물의 수요량이 변하는 것은 일반적인 현상이다. 그러나 콩나물 가격은 변하지 않는데도 콩나물의 수요량이 변할 수 있다. 시금치 가격이 상승하면 소비자들은 시금치를 콩나물로 대체한다. 그러면 콩나물 가격은 변하지 않는데도 시금치 가격의 상승으로 인해 콩나물의 수요량이 증가할 수 있다. 또는 콩나물이 몸에 좋다는 내용의 방송이 나가면 콩나물 가격은 변하지 않았음에도 불구하고 콩나물의 수요량이 급증한다. 이와 같이 특정한 상품의 가격은 변하지 않는데도 다른 요인으로 인하여 그 상품의 수요량이 변하는 현상을 수요의 변화라고 한다.

① 경찰이 범인의 뒤를 따르다.
② 수학에 있어서만은 반에서 그 누구도 나를 따를 수 없다.
③ 식순에 따라 다음은 애국가 제창이 있겠습니다.
④ 정치 개혁에 대한 문제는 여론을 따르는 것이 좋다.
⑤ 정부가 경제 활성화 조치로 금리 인하를 모색하고 있는데, 그에 따른 경제적인 문제도 있음을 잊지 말아야 한다.

29 다음에 제시된 단어관계와 동일한 관계에 있는 것은?

> 차치하다 : 내버려두다

① 이례 : 통례
② 역경 : 순경
③ 본선 : 예선
④ 순간 : 찰나
⑤ 스치다 : 만나다

30 다음 제시된 단어가 같은 관계를 이루기 위해 ( ) 안에 들어갈 단어로 옳은 것은?

> 조각 : 미술
>
> ( ) : 식물

① 생물
② 동물
③ 곤충
④ 나무
⑤ 운동

Q 단어의 상관관계를 파악하여 A, B에 알맞은 단어를 고르시오. 【31~32】

31

(A) : 감자 = 과일 : (B)

① A : 뿌리, B : 나무　　　　② A : 채소, B : 배
③ A : 고구마, B : 열매　　　④ A : 튀김, B : 화채
⑤ A : 머리, B : 바구니

32

마늘 : (A) = 바늘 : (B)

① A : 단, B : 쌈　　　　② A : 대, B : 코
③ A : 단, B : 대　　　　④ A : 대, B : 접
⑤ A : 단, B : 쾌

33 다음 글을 읽고 바르게 말하지 않은 사람은?

> 인성론이란 사람의 타고난 성품은 정해져 있다는 것을 의미한다. 인간의 본질에 대한 철학적 사고로부터 발전한 인성론은 크게 성선설, 성악설, 성무선악설로 분류된다.
>
> 성선설(性善說)은 '인간의 본성은 선하다'는 이론으로, 맹자는 사람의 본성은 의지적인 작용에 의하여 덕성(德性)을 높일 수 있는 것을 천부적으로 갖추고 있다는 주장을 하였다. 측은지심(惻隱之心), 수오지심(羞惡之心), 사양지심(辭讓之心), 시비지심(是非之心)이 없으면 사람이 아니라고 하였으며 이런 뜻에서 인간의 성(性)은 선하다고 하였다.
>
> 이와 반대로 성악설(性惡說)은 '인간의 성품은 악하다'는 이론으로 순자의 주장이다. 이는 사람이 태어나면서부터 가지고 있는 욕망을 고찰하고, 그것을 방치하면 사회적 혼란을 야기하기 때문에 방치하는 그 자체가 악이라고 하였다. 따라서 순자는 선한 것은 인위(人爲)이며 선천적인 것이 아니라 후천적이라고 하였다. 즉, 선은 타고나면서부터 가지고 나오는 것이 아니라 인위적인 결과라고 하는 것이다. 그러므로 순자는 인간이 노력하면 선은 성취되는 것이라고 보았다.
>
> 성무선악설(性無善惡說)은 고자의 이론으로 인간의 품성은 선하지도 악하지도 않다는 것이다. 그는 인간의 본성은 선과 불선(不善)으로 나누어져 있지 않은, 선도 아니고 악도 아니며 교육하고 수양하기 나름이라고 하였다.

① 명수 : 요즘 사람들은 남을 배려하지 않고 너무 이기적이야. 이런 모습을 보면 난 사람은 태어날 때부터 악하다는 성악설을 지지해.

② 준하 : 하지만 모든 사람들이 그러는 건 아니야. 남을 위해 기부도 하고 자원봉사를 하는 사람도 있어. 따라서 난 사람들이 태어날 때부터 착하다는 성선설을 지지해.

③ 재석 : 둘 다 싸우지 마. 사람은 악할 수 있지만 순자의 말에 따르면 사람은 가르침을 통해 착해질 수도 있어.

④ 형돈 : 재석이의 말이 맞아. 태어날 때부터 악한 사람이라도 수양을 하고 교육을 받으면 착해질 수 있다는 고자의 말 몰라?

⑤ 하하 : 맞아. 심지어 고자의 주장과 같이 서양에서도 존 로크라는 철학자가 인간의 마음이 백지와 같아서 경험을 통해 관념을 쌓아간다고 말했으니까 나도 사람은 태어나서부터 선하거나 악하지 않다고 생각해.

34 다음의 진술로부터 도출될 수 없는 주장은?

> 어떤 사람은 신의 존재와 운명론을 믿지만, 모든 무신론자가 운명론을 거부하는 것은 아니다.

① 운명론을 거부하는 어떤 무신론자가 있을 수 있다.
② 운명론을 받아들이는 어떤 무신론자가 있을 수 있다.
③ 운명론과 무신론에 특별한 상관관계가 있는지는 알 수 없다.
④ 무신론자들 중에는 운명을 믿는 사람이 있다.
⑤ 모든 사람은 신의 존재와 운명론을 믿는다.

35 다음 ( ) 안에 들어갈 말로 가장 알맞은 것은?

> 인공 지능은 인간보다 우위에 있을 수 없다. ( ) 인공 지능이 지속적으로 발전하고 있으므로 인간이 객체가 되는 날이 머지않았다.

① 그러므로   ② 그래서
③ 그러나   ④ 게다가
⑤ 그리하여

36 다음 밑줄 친 ㉠과 같은 의미로 사용된 것은?

> 갑은 지하철 요금이 1,000원이고 한 달 용돈이 20,000원일 때 지하철을 20번 ㉠탔고 용돈이 40,000원일 때 40번 탔다. 그런데 이번 달에 20,000원의 용돈을 받았지만 지하철 요금이 500원으로 내려서 40번 탈 수 있게 되었다.

① 바위를 타는 솜씨로 보아 저 사람은 암벽 등반가인가 보다.
② 황막한 중국 땅에 내려섰을 때 현은 틈을 타서 도주할 결심을 하였다.
③ 광주나 전주나 서울이나 부산에서도 연줄 연줄을 타고 찾아오기도 한다고 했다.
④ 모든 것이 투명하고 건조해지는 속에서 든든하게 벼 익는 냄새가 바람을 타고 나부낀다.
⑤ 상민이 그 모습을 보다가 차에 타고 시동을 걸었다.

37 다음 제시된 글을 근거로 할 때, 항상 참이 되는 것은?

> • 희경이는 경은이보다 뜨개질을 잘한다.
> • 은주는 희경이보다 뜨개질을 잘한다.
> • 지혜는 은주보다 바느질을 잘한다.

① 지혜는 경은이보다 뜨개질을 잘한다.
② 네 명 중 뜨개질을 가장 못하는 사람은 경은이다.
③ 은주는 경은이보다 뜨개질을 잘한다.
④ 지혜는 네 명 중에서 가장 바느질을 잘한다.
⑤ 희경이는 은주보다 바느질을 잘한다.

38 다음 제시된 전제에 따라 결론을 추론하면?

> • 사랑하는 사람들은 생활에 즐거움을 느낀다.
> • 생활에 즐거움을 느낀다는 것은 행복하다는 것이다.

① 사랑만이 행복의 전부는 아니다.
② 때로는 행복하지 않을 때도 있다.
③ 생활의 활력소는 사랑이다.
④ 사랑하는 사람들은 행복하다.
⑤ 사랑을 해도 행복하지 않을 수 있다.

39 다음에 제시된 명제가 참일 때 보기 중에서 참인 것을 고르면?

> 운동하는 사람은 건강하다.

① 운동은 건강에 영향을 미친다.
② 운동선수가 아니면 운동을 잘하지 못한다.
③ 건강하지 않으면 운동하지 않는 사람이다.
④ 운동을 잘하면 운동선수이다.
⑤ 건강한 사람은 운동을 잘한다.

40 다음 밑줄 친 ㈀과 같은 의미로 사용된 것은?

컴퓨터로 작업을 하다가 전원이 꺼져 작업하던 데이터가 사라져 낭패를 본 경험이 한 번쯤은 있을 것이다. 이는 현재 컴퓨터에서 주 메모리로 D램을 사용하기 때문이다. D램은 전기장의 영향을 받으면 극성을 ㈀띠게 되는 물질을 사용하는데 극성을 띠면 1, 그렇지 않으면 0이 된다. 그런데 D램에 사용되는 물질의 극성은 지속적으로 전원을 공급해야만 유지된다. 그래서 D램은 읽기나 쓰기 작업을 하지 않아도 전력이 소모되며, 전원이 꺼지면 데이터가 모두 사라진다는 문제점을 안고 있다.

① 우리는 역사적 사명을 띠고 이 땅에 태어났다.
② 우리가 혁명의 기폭제로 진영을 도마 위에 올린 것은 바로 농촌과 도시의 중간적 성향을 띤 이 지역의 특수성에 있는 것이다.
③ 관악산은 이미 그늘져 침침한 회청색을 띠고 있었다.
④ 그 남자는 품에 칼을 띠고 있었다.
⑤ 두 눈은 움푹 패어 조용한 빛을 띠고 있었으나 흡사 그는 허깨비같이 보였다.

41 다음 글의 주제로 가장 적합한 것은?

> 유럽의 도시들을 여행하다 보면 여기저기서 벼룩시장이 열리는 것을 볼 수 있다. 벼룩시장에서 사람들은 낡고 오래된 물건들을 보면서 추억을 되살린다. 유럽 도시들의 독특한 분위기는 오래된 것을 쉽게 버리지 않는 이런 정신이 반영된 것이다.
>
> 영국의 옥스팜(Oxfam)이라는 시민단체는 헌옷을 수선해 파는 전문 상점을 운영해, 그 수익금으로 제3세계를 지원하고 있다. 파리 시민들에게는 유행이 따로 없다. 서로 다른 시절의 옷들을 예술적으로 배합해 자기만의 개성을 연출한다.
>
> 땀과 기억이 배어 있는 오래된 물건은 실용적 가치만으로 따질 수 없는 보편적 가치를 지닌다. 선물로 받아서 10년 이상 써 온 손때 묻은 만년필을 잃어버렸을 때 느끼는 상실감은 새 만년필을 산다고 해서 사라지지 않는다. 그것은 그 만년필이 개인의 오랜 추억을 담고 있는 증거물이자 애착의 대상이 되었기 때문이다. 그러기에 실용성과 상관없이 오래된 것은 그 자체로 아름답다.

① 서양인들의 개성은 시대를 넘나드는 예술적 가치관으로부터 표현된다.

② 실용적 가치보다 보편적인 가치를 중요시해야 한다.

③ 만년필은 선물해준 사람과의 아름다운 기억과 오랜 추억이 담긴 물건이다.

④ 오래된 물건은 실용적인 가치보다 더 중요한 가치를 지니고 있다.

⑤ 오래된 물건은 실용적 가치만으로 따질 수 없는 개인의 추억과 같은 보편적 가치를 지니기에 그 자체로 아름답다.

42 다음 글의 내용과 일치하지 않는 것은?

> 아침에 땀을 빼는 운동을 하면 식욕을 줄여준다는 연구결과가 나왔다. 미국 A대학 연구팀이 35명의 여성을 대상으로 이틀간 아침 운동에 따른 식욕의 변화를 측정한 결과다. 연구팀은 첫 번째 날은 45분간 운동을 시키고, 다음날은 운동을 하지 않게 하고는 음식 사진을 보여줬다. 이때 두뇌 부위에 전극장치를 부착해 신경활동을 측정했다. 그 결과 운동을 한 날은 운동을 하지 않은 날에 비해 음식에 대한 주목도가 떨어졌다. 음식을 먹고 싶다는 생각이 그만큼 덜 든다는 얘기다. 뿐만 아니라 운동을 한 날은 하루 총 신체활동량이 증가했다. 운동으로 소비한 열량을 보충하기 위해 음식을 더 먹지도 않았다. 운동을 하지 않은 날 소모한 열량과 비슷한 열량을 섭취했을 뿐이다. 실험 참가자의 절반가량은 체질량지수(BMI)를 기준으로 할 때 비만이었는데, 이와 같은 현상은 비만 여부와 상관없이 나타났다.

① 운동을 한 날은 운동을 하지 않은 날에 비해 음식에 대한 주목도가 떨어졌다.
② 과한 운동은 신경활동과 신체활동량에 영향을 미친다.
③ 비만여부와 상관없이 아침운동은 식욕을 감소시킨다.
④ 운동을 한 날은 신체활동량이 증가한다.
⑤ 체질량지수와 실제 비만 여부와의 관계는 상관성이 떨어진다.

43 다음 상황을 보고 추론할 수 없는 내용은?

> 리비아 사태가 원유 생산에 차질을 주어 국제 유가가 폭등하고, 이와 함께 국제 원자재 가격도 크게 상승하고 있다.

① 유가 상승으로 기업 비용이 늘어난다.
② 물가 상승으로 근로자의 실질 소득이 감소한다.
③ 수입액 증가로 국제 경상 수지가 악화된다.
④ 외화 수요가 감소하여 환율이 인하된다.
⑤ 유가 상승으로 수입이 늘어나게 된다.

44 다음 글을 읽고 태풍의 대기 순환의 모습으로 볼 수 없는 것은?

> 태풍의 반경은 수백 km에 달하고, 중심 주위에 나선 모양의 구름띠가 줄지어 있다. 태풍의 등압선은 거의 원을 그리며, 중심으로 갈수록 기압은 하강한다. 바람은 태풍 중심으로부터 일반적으로 반경 40~100km 부근에서 가장 강하게 분다. 그러나 중심부는 맑게 개어 있는데, 여기가 바로 태풍의 눈이다. 같은 높이에서 기온은 중심 부분이 높고 주위로 갈수록 낮아진다. 기온이 가장 높은 곳은 태풍의 눈이다. 태풍이 강할수록 태풍의 눈과 주변의 온도차가 크게 나타난다.

① 태풍의 눈에서는 주변부보다 바람이 약하다.
② 태풍의 중심부로 갈수록 풍속이 빨라진다.
③ 태풍의 눈 속은 주변부보다 온도가 높다.
④ 태풍의 중심부는 기압이 가장 낮다.
⑤ 태풍이 강할수록 태풍의 눈과 주변 온도 차이는 크다.

Q 다음 문장의 빈칸에 공통으로 들어갈 단어로 가장 알맞은 것을 고르시오. 【45~46】

45

> • 우리의 문화에는 유교 문화가 깊이 (   )해 있다.
> • 오랜 기간 비가 와서 건물 내벽이 (   )으로 얼룩이 졌다.

① 침윤   ② 침전
③ 침식   ④ 침강
⑤ 침하

46

> • 자발적 시민 참여를 통한 사회복지 증진도 (   )할 예정이다.
> • 직원들 간의 친목 (   )를 위해 주말에 야유회를 가기로 했다.
> • 관광객의 편익 (   )를 최우선으로 해야 한다.

① 협의(協議)   ② 상의(詳議)
③ 도모(圖謀)   ④ 합의(合意)
⑤ 협상(協商)

47 다음 밑줄 친 부분과 비슷한 의미의 사자성어는?

> 과거에 복동은 사고 위기에 있던 아이를 기적적으로 구해내며, 한동안 세상의 영웅이 되었다. 그러나 복동은 당연한 것이라 여기고 크게 동요하지 않았지만 오랜 시간이 지난 지금까지도 아이와 아이의 부모님에게서 감사인사를 받으며 변하지 않는 감사함이라는 것도 있음을 알았다. 복동이 그들에게 받은 것은 <u>결초보은(結草報恩)</u>이다.

① 백골난망(白骨難忘)　　　　　　② 조삼모사(朝三暮四)
③ 각주구검(刻舟求劍)　　　　　　④ 전화위복(轉禍爲福)
⑤ 구밀복검(口蜜腹劍)

48 다음 밑줄 친 두 단어의 관계와 같은 것은?

> • 연회를 <u>진행</u>하기에 앞서 이 자리에 참석해 주신 여러분께 감사의 말씀 올리겠습니다.
> • 회사에서는 상사에게 결재를 받은 후에 프로젝트를 <u>추진</u>할 수 있다.

① 담소하다 – 담대하다　　　　　② 돈바르다 – 너그럽다
③ 진출하다 – 철수하다　　　　　④ 양해하다 – 이해하다
⑤ 방불하다 – 다르다

49 다음 글을 통해 알 수 없는 것은?

오목눈이는 참새목 오목눈이 과에 속하는 조류로 국내에서는 산림, 주거지, 공원 등에서 흔하게 볼 수 있는 텃새이다. 성체의 크기는 14cm밖에 되지 않는데 검은 색의 긴 꼬리가 무려 8cm에 이른다. 또한 흰머리 오목눈이를 제외한 오목눈이들은 머리에 세로로 네 개의 검은 줄이 있다. 4~5마리 정도가 무리지어 다니며, 시끄럽게 지저귀는 습성이 있다. 평소에는 곤충을 먹고 살며, 곤충의 개체 수가 상대적으로 줄어드는 계절인 가을과 겨울에는 씨앗을 먹으며 지낼 때도 있다. 육아를 하거나 집을 지을 때에는 암수 한 마리씩 말고도 다른 오목눈이가 도와주기도 한다.

① 새의 먹이　　　　　　　② 새의 습성
③ 새의 개체 수　　　　　　④ 새의 크기
⑤ 새의 종류

Q 다음 빈칸에 들어갈 내용으로 가장 적합한 것을 고르시오. 【50~51】

50

문화란, 인간의 생활을 편리하게 하고, 유익하게 하고, 행복하게 하는 것이니, 이것은 모두 _____의 소산인 것이다. 문화나 이상이나 다 같이 사람이 추구하는 대상이 되는 것이요, 또 인생의 목적이 거기에 있다는 점에서는 동일하다. 그러나 이 두 가지가 완전히 일치하는 것은 아니니, 그 차이점은 여기에 있다. 즉, 문화는 인간의 이상이 이미 현실화된 것이요, 이상은 현실 이전의 문화라 할 수 있다. 어쨌든, 이 두 가지를 추구하여 현실화하는 데에는 지식이 필요하고, 이러한 지식의 공급원으로는 다시 서적이란 것으로 돌아오지 않을 수가 없다. 문화인이면 문화인일수록 서적 이용의 비율이 높아지고, 이상이 높으면 높을수록 서적 의존도 또한 높아지는 것이 당연하다. 오늘날, 정작 필요한 지식은 서적을 통해 입수하기 어렵다는 불평이 많은 것도 사실이다. 그러나 인류가 지금까지 이루어낸 서적의 양은 실로 막대한 바가 있다. 옛말의 '오거서(五車書)'와 '한우충동(汗牛充棟)' 등의 표현으로는 이야기도 안 될 만큼 서적이 많아졌다. 우리나라 사람은 일반적으로 책에 관심이 적은 것 같다. 학교에 다닐 때에는 시험이란 악마의 위력 때문이랄까, 울며 겨자 먹기로 교과서를 파고들지만, 일단 졸업이란 영예의 관문을 돌파한 다음에는 대개 책과는 인연이 멀어지는 것 같다.

① 과학　　　　　　　　　　② 문명
③ 지식　　　　　　　　　　④ 서적
⑤ 의식

51

마리아 릴케는 많은 글에서 '위대한 내면의 고독'을 즐길 것을 권했다. '고독은 단 하나 뿐이며 그것은 위대하며 견뎌 내기가 쉽지 않지만, 우리가 맞이하는 밤 가운데 가장 조용한 시간에 자신의 내면으로 걸어들어가 몇 시간이고 아무도 만나지 않는 것, 바로 이러한 상태에 이를 수 있도록 노력해야 한다'고 언술했다. 고독을 버리고 아무하고나 값싼 유대감을 맺지 말고, 우리의 심장의 가장 깊숙한 심실(心室) 속에 _____ 을 꽉 채우라고 권면했다.

① 나태　　　　　　　　　　② 권태
③ 흥미　　　　　　　　　　④ 고독
⑤ 이로움

Q 다음 제시된 문장의 밑줄 친 부분이 같은 의미로 쓰인 것을 고르시오. 【52~53】

52

어렵사리 책을 손에 넣었다.

① 엄마는 손이 크시다.
② 우리 집이 남의 손에 들어갔다.
③ 식사 전에는 반드시 손을 씻어야 한다.
④ 김장철에는 손이 모자라다.
⑤ 우리 집에는 늘 자고 가는 손이 많다.

53

동네에서 우연히 선배를 만났다.

① 동생을 만나러 가는 길이다.
② 퇴근길에 갑자기 비를 만났다.
③ 친구는 깐깐한 상사를 만나 고생한다.
④ 이곳은 바다와 육지가 만나는 곳이다.
⑤ 우리는 그의 소설에서 일그러진 우리들의 모습과 만나게 된다.

Q 다음에 제시된 문장의 밑줄 친 부분과 의미가 가장 다른 것을 고르시오. 【54~55】

54 ① 자정이 되어서야 목적지에 <u>이르다</u>.
② 결론에 <u>이르다</u>.
③ 중대한 사태에 <u>이르다</u>.
④ 위험한 지경에 <u>이르러서야</u> 사태를 파악했다.
⑤ 그는 열다섯에 이미 키가 육 척에 <u>이르렀다</u>.

55 ① 이 한약재는 소화를 <u>돕는다</u>.
② 민수는 물에 빠진 사람을 <u>도왔다</u>.
③ 불우이웃을 <u>돕다</u>.
④ 한국은 허리케인으로 인하여 발생한 미국의 수재민을 <u>도왔다</u>.
⑤ 어려운 생계를 <u>돕기</u> 위해 아르바이트를 했다.

56 다음 글의 내용과 일치하는 것은?

> 사람들은 고급문화가 오랫동안 사랑을 받은 것이고, 대중문화는 일시적인 유행에 그친다고 생각하고 있다. 그러나 이러한 판단은 근거가 확실치 않다. 모차르트의 음악은 지금껏 연주되고 있지만 비슷한 시기에 활동했고 당대에는 비슷한 평가를 받았던 살리에리의 음악은 현재 아무도 연주하지 않는다. 모르긴 해도 그렇게 사라진 예술가가 한둘이 아니지 않을까. 그런가 하면 1950~1960년대 엘비스 프레슬리와 비틀즈의 음악은 지금까지도 매년 가장 많은 저작권료를 발생시킨다. 이른바 고급문화의 유산들이 수백 년 간 역사 속에서 형성된 것인데 반해 우리가 대중문화라 부르는 문화 산물은 그 역사가 고작 100년을 넘지 않았다.

① 비틀즈의 음악은 오랫동안 사랑을 받고 있으니 고급문화라고 할 수 있다.
② 살리에리는 모차르트와 같은 시대에 살며 대중음악을 했던 인물이다.
③ 많은 저작권료를 받는 작품이라면 고급문화로 인정해야 한다.
④ 대중문화가 일시적인 유행에 그칠지 여부는 아직 판단하기 곤란하다.
⑤ 모차르트와 엘비스 프레슬리는 모두 대중문화를 이끌었다.

57 다음 글을 읽고 추론할 수 없는 것은?

> 시민이란 민주사회의 구성원으로서 공공의 정책 결정에 주체적으로 참여하는 사람이다. 시민이 생겨난 바탕은 고대 그리스의 도시국가와 로마에서 찾아 볼 수 있다. 시민은 권리와 의무를 함께 행하지만, 신민(臣民)에게는 권리는 없고 의무만 있을 뿐이다. 옛날에는 개인보다 공동체 중심이었다. 시민사회가 등장하면서 개인에게 초점이 맞추어졌다. 개인화가 되다 보니 서로 간의 이해관계가 대립하게 되고, 나아가서 다양한 집단 간의 이해관계도 대립하게 되었다. 우리는 집단 간의 갈등을 해소하여 통합된 사회공동체를 형성해야 한다.

① 공동사회는 개인의 권리보다 의무를 강조한다.
② 시민사회는 개인의 의무보다 권리를 강조한다.
③ 공동사회는 개인보다 집단에 초점을 맞춘다.
④ 미래의 시민사회는 통합된 사회공동체를 형성해야 한다.
⑤ 공공의 정책결정에 주체적으로 참여하는 자는 시민이다.

58 다음 글을 읽고 추론할 수 있는 내용은?

> GDP(국내총생산)는 국가단위의 경제 규모나 생산 능력을 나타내는 대표적인 경제 지표로서, 국내에 거주하는 모든 내외국인이 일정기간 생산한 최종 재화와 용역의 시장가치를 나타낸다.
> GNP(국민총생산)는 그 나라 국민이 일정 기간에 생산한 최종 생산물의 시장 가치를 나타낸다.

① 외국인 투자가 더 많은 나라는 GDP가 GNP보다 더 크다.
② 해외투자가 더 많은 나라는 GNP가 GDP보다 더 작다.
③ GNP는 한 나라에게 이루어진 생산활동의 크기를 나타낸다.
④ 최근에는 GDP보다 GNP를 더 많이 사용하는데, 그 이유는 한 나라의 고용상황이 외국인의 경제활동에 많이 의존하기 때문이다.
⑤ GDP는 국민기준이고 GNP는 국내가 기준이다.

59 다음 글을 읽고 추론할 수 있는 내용은?

> 어느 시대에서든 그 시대 최고의 현인들은 인생에 대해 다 같이 똑같은 판단을 내리고 있다. 인생은 무가치하다는 것이다. 회의에 가득 차고, 우수에 가득 차고, 인생에 진절머리가 나고, 인생에 대한 적개심이 가득 찬 그 소리가 말이다 : "어쨌든 그런 판단에는 무언가 진실이 있음에 틀림없다! 현인들의 의견일치가 진리의 증거가 아닌가 말이다."
> 그러나 현인들의 의견일치라는 것, 그것은 그들이 의견일치를 보고 있는 문제에 대해 그들이 옳았다는 사실을 전혀 입증해주지 못한다. 그것은 오히려 그들 최고 현인이라는 자들이 어떤 면에서 보면 생리적으로 의견일치를 보고 있었다는 사실을 입증해 줄 뿐이다.

① 인생은 무가치하다는 현인들의 주장은 진리이다.
② 의견의 일치는 진리를 입증한다.
③ 의견의 일치는 현인들의 생리적인 성향을 반영하는 것이다.
④ 어느 시대든 최고의 현인들의 판단은 지혜롭다.
⑤ 어느 시대든 최고의 현인들의 판단은 모두 다르다.

60 다음 중 추론이 잘못된 것을 고르면?

① 모든 사람은 죽는다. 그는 사람이다. 그러므로 그는 죽을 것이다.

② 모든 참치는 물고기이다. 어떠한 물고기도 포유류가 아니다. 그러므로 어떠한 참치도 포유류가 아니다.

③ 모든 토마토는 채소이다. 모든 채소는 건강에 좋다. 그러므로 모든 토마토는 건강에 좋다.

④ 모든 영웅은 위대하다. 모든 철학자는 위대하다. 그러므로 모든 영웅은 철학자이다.

⑤ 모든 신부는 사후세계를 믿는다. 어떤 무신론자는 사후세계를 의심한다. 그러므로 사후세계를 믿지 않으면 신부가 아니다.

61 신경숙의 '엄마를 부탁해'를 읽고 쓴 비평의 일부이다. 다음 중 가장 가까운 문학 이해 관점은?

> 상실의 시대, 모태 회귀 본능은 각박한 현실에 안주하지 못하는 결핍의 현대인들의 동경의 세계를 표현하였다. 이 책은 불행해진 현대 사회의 가족에서, 현대 사회에 방점을 찍고 현대 사회 이전의 가족 형태로의 향수를 일으켰다.

① 반영론적 관점
② 효용론적 관점
③ 표현론적 관점
④ 구조론적 관점
⑤ 절대론적 관점

Q 다음 글을 읽고 물음에 답하시오. 【62~63】

(가) 포스트모더니즘을 논하는 데 적절한 또 한 가지 분야가 바로 '광고'이다. 오늘날 우리는 광고로부터 완전히 자유롭기가 불가능한 시대에 살고 있다. 광고는 우리의 사고방식과 대화양식과 생활형태까지도 조종하고 있다. 미국 버클리대 교수인 도널드 맥케이드에 의하면, '예전에는 사람들이 살아남기 위해 상품을 찾아 헤맸으나 지금은 상품들이 살아남기 위해 사람들을 찾아 헤매는 시대가 되었고,' 따라서 우리는 날마다 광고의 홍수와 압력 속에서 살고 있다. 미국인들은 하루에 2천번 정도의 광고를 보거나 들으며 살고 있다. 미국의 기업들은 한 해에 약 1천억 달러를 광고에 소비하고 있다고 한다. 우리의 경우에는 그 정도까지 심하지는 않겠지만, 광고에 의해 세뇌되고 조종되는 정도의 강렬함을 생각해 볼 때 우리가 포스트모던 시대에 살고 있다는 것에는 논쟁의 여지가 없다.

(나) 광고는 얼핏 다양한 상품들을 선전함으로써 소비자에게 선택의 기호를 넓혀주는 것 같고 따라서 이상적인 포스트모더니즘의 한 행태인 것처럼 보인다. 그러나 자세히 고찰해보면, 그것은 포스트모더니즘이 인식하고 심문해야 될 포스트모던적 현상일 뿐이라는 것이 명백해진다. 왜냐하면 광고는 특정상품에 대한 구매를 강요함으로써 결국에는 소비자들로부터 모든 선택의 여지를 발탁해가기 때문이다. 그러므로 광고의 성공은 곧 소비자의 실패라는 패러독스가 성립된다.

(다) 광고는 우리가 매일 대하는 시각적·언어적 현상들을 통해 하나의 암시, 리얼리티 또는 이데올로기를 만들어낸다. 그것들을 인식하고 그것들이 부과하는 규범화와 순응화에 저항할 수 있도록 해주는 것이 바로 진정한 포스트모더니즘의 특성이다. 어떤 의미에서 절대적인 미의 상징으로 등장하는 화장품 모델은 모더니즘적 정전이라고 볼 수 있다. 그렇다고 그 광고의 의도를 간파하고 각자의 개성미와 내면의 미를 추구하는 여성들은 포스트모더니즘적 다양성과 다원성을 상징한다고 볼 수 있을 것이다.

62 윗글의 내용전개를 고려할 때 (나)와 (다) 사이에 들어갈 수 있는 사례로 적절한 것은?

① 휴지통에 쌓여 있는 카드 모양의 일러스트레이션을 담고 있는 음악엽서 광고
② 타사 제품과 비교하면서 자사 제품의 우수성을 내세우고 있는 소주 광고
③ 가족들의 사랑에 삶의 진정한 행복이 있음을 강조하는 전자 제품 광고
④ 미모의 여성 모델이 제품을 사용하는 모습을 담고 있는 화장품 광고
⑤ 맥주를 홀짝거리며 전화통화를 하는 모습을 담고 있는 맥주 광고

63 다음을 참고로 윗글의 견해를 비판하였을 때 적절하지 못한 것은?

> 소비자들은 이제 광고계의 전문가가 되었다. 이런 그들의 전문성이 상표들로 하여금 자발적으로 그들의 잘못을 고백하게 만들었다. 몇몇의 상표들은 그들이 때때로 자사의 매상고를 올리기 위하여 마케팅 전략을 악용하였노라고 자인하면서 이제 이런 악용에 종말을 고했노라고 맹세하기도 한다. 이제 광고주들은 늘 그럼직한 진부함이나 광고계의 낡은 전략을 가지고는 더 이상 소비자들의 시선을 끌어들일 수 없다는 사실을 깨달은 것이다. 그래서 그들은 다른 방법을 찾기로 결정한다. 다수의 새로운 광고들이 상품 자체에 대한 장점을 자랑하는 광고행위를 멀리하고, 눈요깃거리가 되는 가치나 내포적인 의미를 가진 메시지를 선호하고 있다.

① 광고는 이제는 소비자들을 쉽게 설득할 수 없다는 점을 경시하고 있다.
② 광고가 이제는 소비자와의 '거리두기'를 활용하고 있음을 충분히 고려해야 한다.
③ 광고가 이제는 소비자를 즐겁게 하려는 정신의 소산임을 적극적으로 고려해야 한다.
④ 광고가 이제는 소비자와 진한 공감대를 형성하려고 한다는 점을 주목해야 한다.
⑤ 광고가 이제는 소비자들을 직접적으로 현혹하려고 한다는 점을 강조해야 한다.

64 다음 중 밑줄 친 부분을 뒷받침하는 논거로 알맞은 것은?

> 문학이 추상적·관념적인 데 반해 영화는 구체적·감각적이기 때문에 영화는 문학처럼 심오한 사상이나 복잡한 심리를 세밀하게 묘사하는 데 있어 제한을 받는다. 그러나 영화가 이러한 제한을 받는다는 이유로 대중의 기호에만 맞게 만들어진다는 것은 분명한 편견이다.

① 문학 작품 가운데에도 대중의 기호에 부합하는 것이 있다.
② 영화도 여러 기법을 통해 추상적·관념적인 내용을 효과적으로 드러낼 수 있다.
③ 대중의 기호는 언제나 변화한다.
④ 대중은 구체적·감각적인 것을 추상적·관념적인 것보다 선호하는 경향을 보이니다.
⑤ 예술성이 뛰어난 영화는 대중의 호응을 얻기 힘들다.

65 다음에 제시된 글을 가장 잘 요약한 것은?

> 해는 동에서 솟아 서로 진다. 하루가 흘러가는 것은 서운하지만 한낮에 갈망했던 현상이다. 그래서 해가 지면 농부는 얼씨구 좋다고 외치는 것이다. 해가 지면 신선한 바람이 불어오니 노랫소리가 절로 나오고, 아침에 모여 하루 종일 일을 같이 한 친구들과 헤어지며 내일 또 다시 만나기를 기약한다. 그리고는 귀여운 처자가 기다리는 가정으로 돌아가 빵긋 웃는 어린 아기를 만나게 된다. 행복한 가정으로 돌아가 하루의 고된 피로를 풀게 된다. 고된 일은 바로 이 행복한 가정을 위해서있는 것이다. 그래서 고된 노동을 불평만 하지 않고, 탄식만 하지 않고 긍정함으로써 삶의 의욕을 보이는 지혜가 있었다.

① 농부들은 하루 종일 힘겨운 일을 하면서도 가정의 행복만을 생각했다.

② 농부들은 자신이 고된 일을 하는 것이 행복한 가정을 위한 것임을 깨달아 불평불만을 해소하려 애썼다.

③ 가정의 행복을 위해서라면 고된 일일지라도 불평하지 않고 긍정적으로 해 나가야 한다는 생각을 농부들은 지니고 있었다.

④ 해가 지면 집에 돌아가 가족과 행복한 시간을 보낼 수 있다는 희망에 농부들은 고된 일을 하면서도 불평을 하지 않고 즐거운 삶을 산다.

⑤ 농부들은 모두 행복한 가정이 있다.

66 다음 글의 주장과 일치하는 것은?

> 자유주의적 자유관에 대한 하나의 대안으로 나는 공화주의 정치이론의 한 형태를 옹호한다. 공화주의 이론의 중심 생각에 따르면 자유는 함께 하는 자치에 달려 있다. 이런 생각이 그 자체로 자유주의적 자유와 비일관적인 것은 아니다. 정치 참여는 사람들이 자신의 목표로서 추구하고자 선택한 생활 방식 중 하나일 수 있다. 하지만 공화주의 정치이론에 따르면 자치를 공유하는 것은 그 이상의 어떤 것을 포함한다. 그것은 공동선에 대해 동료 시민들과 토론하는 것을 의미하고 정치공동체의 운명을 모색하는 데에 기여한다는 점을 의미한다. 하지만 공동선에 대해 토론을 잘 하기 위해서는 각자가 자신의 목표를 잘 선택하고 타인에게도 그런 똑같은 권리를 인정해 줄 수 있는 능력 외에 더 많은 것이 필요하다. 이를 위해서는 공공사안에 대한 지식, 소속감, 사회 전체에 대한 관심, 나와 운명을 같이 하는 공동체와의 도덕적 연결이 필요하다. 따라서 자기 통치를 공유하기 위해서는 시민들이 어떤 특정한 성품 혹은 시민적인 덕을 이미 갖고 있거나 습득해야 한다.

① 개인의 자유는 공동선에 우선하는 가치이다.
② 공화주의 정부는 경합하는 가치관에 대해서 중립을 지켜야 한다.
③ 공화주의를 실현하기 위해서는 시민적 자질이 필요하다.
④ 공화주의는 개인의 자유에 대하여 소극적이다.
⑤ 공화주의 이론의 중심 생각에 따르면 자치는 함께 하는 자유에 달려 있다.

67 다음 내용에서 주장하고 있는 것은?

> 기본적으로 한국 사회는 본격적인 자본주의 시대로 접어들었고 그것은 소비사회, 그리고 사회 구성원들의 자기표현이 거대한 복제기술에 의존하는 대중문화 시대를 열었다. 현대인의 삶에서 대중매체의 중요성은 더욱 더 높아지고 있으며 따라서 이제 더 이상 대중문화를 무시하고 엘리트 문화지향성을 가진 교육을 하기는 힘든 시기에 접어들었다. 세계적인 음악가로 추대 받고 있는 비틀즈도 영국 고등학교가 길러낸 음악가이다.

① 대중문화에 대한 검열이 필요하다
② 한국에서 세계적인 음악가의 탄생을 위해 고등학교에서 음악 수업의 강화가 필요하다.
③ 한국 사회에서 대중문화를 인정하는 것은 중요하다.
④ 교양 있는 현대인의 배출을 위해 고전음악에 대한 교육이 필요하다.
⑤ 대중문화의 중요성을 주장하기엔 시기적절치 않다.

68 다음 글의 주제로 알맞은 것은?

> 혈연의 정, 부부의 정, 이웃 또는 친지의 정을 따라서 서로 사랑하고 도와가며 살아가는 지혜가 곧 전통 윤리의 기본이다. 정에 바탕을 둔 윤리인 까닭에 우리나라의 전통 윤리에는 자기중심적인 일면이 있다. 정이라는 것은 자기와의 관계가 가까운 사람에 대해서는 강하게 일어나고 먼 사람에 대해서는 약하게 일어나는 것이 보통이므로, 정에 바탕을 둔 윤리가 명령하는 행위는 상대가 누구냐에 따라서 달라질 수 있다. 예컨대, 남의 아버지보다는 내 아버지를 더 위하고 남의 아들보다는 내 아들을 더 아끼는 것이 정에 바탕을 둔 윤리에 부합하는 태도이다.

① 남의 아버지보다 내 아버지를 더 위해야 한다.
② 우리나라의 전통윤리는 정(情)에 바탕을 둔 윤리이다.
③ 우리나라의 전통 윤리는 자기중심적인 면이 강하다.
④ 공과 사를 철저히 구분하는 것이 전통윤리에 부합하는 행동이다.
⑤ 정을 중시하는 문화를 가진 사람들은 마음이 따뜻하다.

69 단락이 통일성을 갖추기 위해 빈칸에 들어갈 문장으로 알맞지 않은 것은?

> 서구 열강이 동아시아에 영향력을 확대시키고 있던 19세기 후반, 동아시아 지식인들은 당시의 시대 상황을 전환의 시대로 인식하고 이러한 상황을 극복하기 위해 여러 방안을 강구했다. 조선 지식인들 역시 당시 상황을 위기로 인식하면서 다양한 해결책을 제시하고자 했지만, 서양 제국주의의 실체를 정확하게 파악할 수 없었다. 그들에게는 서양 문명의 본질에 대해 치밀하게 분석하고 종합적으로 고찰할 지적 배경이나 사회적 여건이 조성되지 못했기 때문이다. 그들은 자신들의 세계관에 근거하여 서양 문명을 판단할 수밖에 없었다. 당시 지식인들에게 비친 서양 문명의 모습은 대단히 혼란스러웠다. 과학기술 수준은 높지만 정신문화 수준은 낮고, 개인의 권리와 자유가 무한히 보장되어 있지만 사회적 품위는 저급한 것으로 인식되었다. 그래서 그들은 서양 자본주의 문화의 원리와 구조를 정확히 인식하지 못해 _____.

① 빈부격차의 심화, 독점자본의 폐해, 금융질서의 혼란 등 서양 자본주의 문화의 폐해에 대처할 능력이 없었다.
② 겉으로는 보편적 인권과 민주주의를 표방하면서도 실제로는 제국주의적 야욕을 드러내는 서구 열강의 이중성을 깊게 인식할 수 없었다.
③ 당시 조선의 지식인들은 서양문화의 장·단점을 깊이 이해하고 우리나라의 현실에 맞도록 잘 받아들였다.
④ 당시 조선의 지식인들은 서양의 문화에 대한 해석이 서로 판이하게 달랐다.
⑤ 서양의 발달된 과학기술은 받아들이되 정신문화는 그대로 유지하자는 지식인들도 많이 존재했다.

70 다음 지문의 내용을 통해 알 수 없는 것은?

> 이탈리아의 작곡가 비발디는 1678년 베네치아 상 마르코 극장의 바이올리니스트였던 지오반니 바티스타 비발디의 장남으로 태어났다. 어머니가 큰 지진에 놀라는 바람에 칠삭둥이로 태어났다는 그는 어릴 때부터 시름시름 앓으면서 간신히 성장했다. 당시 이탈리아의 3대 음악 명문 중 한 집안 출신답게 비발디는 소년 시절부터 바이올린 지도를 아버지에게 충분히 받았고, 이것이 나중에 그가 바이올린의 대가로 성장할 수 있는 밑받침이 되었다.
>
> 15세 때 삭발하고 하급 성직자가 된 비발디는 25세 때 서품을 받아 사제의 길로 들어섰다. 그리고 그해 9월 베네치아의 피에타 여자 양육원의 바이올린 교사로 취임했다. 이 양육원은 여자 고아들만 모아 키우는 일종의 고아원으로 특히 음악 교육에 중점을 두던 곳이었다. 비발디는 이곳에서 실기 지도는 물론 원생들로 구성된 피에타 관현악단의 지휘를 맡아 했으며, 그들을 위해 여러 곡을 작곡하기도 했다. 비발디의 음악이 대체로 아름답기는 하지만 다소 나약하다는 평을 듣는 이유가 이 당시 여자아이들을 위해 쓴 곡이 많기 때문이라는 이야기도 있다.
>
> 근대 바이올린 협주곡의 작곡 방법의 기초를 마련했다는 평을 듣는 그는 79개의 바이올린 협주곡, 18개의 바이올린 소나타, 12개의 첼로를 위한 3중주곡 등 수많은 곡을 썼다. 뿐만 아니라 38개의 오페라와 미사곡, 모데토, 오라토리오 등 교회를 위한 종교 음악도 많이 작곡했다.
>
> 허약한 체질임에도 불구하고 초인적인 창작 활동을 한 비발디는 자신이 명바이올리니스트였던 만큼 독특하면서 화려한 기교가 담긴 바이올린 협주곡들을 만들었고, 이 작품들은 아직 까지도 많은 사람들의 사랑을 받고 있다.
>
> 그러나 오페라의 흥행 사업에 손을 대고, 여가수 안나 지로와 염문을 뿌리는 등 그가 사제로서의 의무를 충실히 했는가에 대해서는 많은 의문의 여지가 있다. 자만심이 강하고 낭비벽이 심했던 그의 성격도 갖가지 일화를 남겼다. 이런 저런 이유로 사람들의 빈축을 사 고향에서 쫓겨나다시피 한 그는 각지를 전전하다가 오스트리아의 빈에서 객사해 그곳의 빈민 묘지에 묻혔다.

① 비발디는 피에타 여자 양육원의 바이올린 교사로 취임하기도 했다.
② 비발디는 수많은 바이올린 협주곡을 작곡하였다.
③ 비발디는 이탈리아의 유명한 작곡가이자 바이올리니스트였다.
④ 비발디는 교향곡 작곡가로도 명성을 날렸다.
⑤ 비발디는 바이올린 협주곡 외 종교 음악도 많이 작곡하였다.

71 다음 글의 내용과 부합하지 않는 것은?

> 인간은 광장에 나서지 않고는 살지 못한다. 표범의 가죽으로 만든 징이 울리는 원시인의 광장으로부터 한 사회에 살면서 끝내 동료인 줄도 모르고 생활하는 현대적 산업 구조의 미궁에 이르기까지 시대와 공간을 달리하는 수많은 광장이 있다.
>
> 그러면서도 한편으로 인간은 밀실로 물러서지 않고는 살지 못하는 동물이다. 혈거인의 동굴로부터 정신 병원의 격리실에 이르기까지 시대와 공간을 달리하는 수많은 밀실이 있다.
>
> 사람들이 자기의 밀실로부터 광장으로 나오는 골목은 저마다 다르다. 광장에 이르는 골목은 무수히 많다. 그곳에 이르는 길에서 거상(巨象)의 자결을 목도한 사람도 있고 민들레 씨앗의 행방을 쫓으면서 온 사람도 있다.
>
> ─〈중략〉─
>
> 어떤 경로로 광장에 이르렀건 그 경로는 문제될 것이 없다. 다만 그 길을 얼마나 열심히 보고 얼마나 열심히 사랑했느냐에 있다. 광장은 대중의 밀실이며 밀실은 개인의 광장이다.
>
> 인간을 이 두 가지 공간이 어느 한쪽에 가두어버릴 때, 그는 살 수 없다. 그 때 광장에 폭동의 피가 흐르고 밀실에서 광란의 부르짖음이 새어 나온다. 우리는 분수가 터지고 밝은 햇빛 아래 뭇꽃이 피고 영웅과 신들의 동상으로 치장이 된 광장에서 바다처럼 우람한 합창에 한몫 끼기를 원하며 그와 똑같은 진실로 개인의 일기장과 저녁에 벗어놓은 채 새벽에 잊고 간 애인의 장갑이 얹힌 침대에 걸터앉거나 광장을 잊어버릴 수 있는 시간을 원한다.

① 현대적 산업 구조의 미궁은 인간 관계의 단절과 관련된다.
② 광장과 밀실은 서로 통해야 한다.
③ 광장과 밀실 사이에서 중요한 것은 그 각각의 화려함이 아니라, 얼마나 열심히 그 길을 살았는가 하는 것이다.
④ '폭동의 피'와 '바다처럼 우람한 합창'은 광장과 관련된 대조적인 개념이다.
⑤ 인간의 속성은 광장에 대한 동경을 밀실에 대한 동경보다 우선시 한다.

72 다음 글은 '신화란 무엇인가'를 밝히는 글의 마지막 부분이다. 이 글로 미루어 보아 본론에서 언급한 내용이 아닌 것은?

> 지금까지 보았던 것처럼, 신화의 소성(素性)인 기원, 설명, 믿음이 모두 신화의 존재양식인 이야기의 통제를 받고 있음은 주지의 사실이다. 그러나 또한 신화가 단순히 이야기만은 아님도 알았다. 역으로 기원, 설명, 믿음이라는 종차가 이야기를 한정하고 있다. 이들은 상호 규정적이다. 그런 의미에서 신화는 역사, 학문, 종교, 예술과 모두 관련되지만, 그 중 어떤 하나도 아니며, 또 어떤 하나가 아니다. 예를 들어 '신화는 역사다.'라는 말이 하나의 전체일 수는 없다. 나머지인 학문, 종교, 예술이 배제되고서는 더 이상 신화가 아니기 때문이다. 이들의 복잡한 총체가 신화며, 또한 신화는 미분화된 상태로서 그것들을 한 몸에 안는다. 이들 네 가지 소성(素性) 중 그 어떤 하나라도 부족하면 더 이상 신화는 아니다. 따라서 신화는 단지 신화일 뿐이지, 그것이 역사나 학문이나 종교나 예술자체일 수는 없는 것이다.

① 신화는 종교적 상관물이다.
② 신화는 신화로서의 특수성이 있다.
③ 신화는 하나의 이야기라는 점에서 예술적인 문화작품이다.
④ 신화는 기원을 문제 삼는다는 점에서 역사와 관련이 있다.
⑤ 신화가 과학 시대 이전에는 학문이었지만 지금은 학문이 아니다.

73 다음 글에서 주장하는 바와 가장 거리가 먼 것은?

> 조선 중기에 이르기까지 상층 문화와 하층 문화는 각기 독자적인 길을 걸어왔다고 할 수 있다. 각 문화는 상대 문화의 존재를 그저 묵시적으로 인정만 했지 이해하려고 하지는 않았다. 말하자면 상·하층 문화가 평행선을 달려온 것이다. 그러나 조선 후기에 이르러 사회가 변하기 시작하였다. 두 차례의 대외 전쟁에서의 패배에 따른 지배층의 자신감 상실, 민중층의 반감 확산, 벌열(閥閱)층의 극단 보수화와 권력층에서 탈락한 사대부 계층의 대거 몰락이라는 기존권력 구조의 변화, 농공상업의 질적 발전과 성장에 따른 경제적 구조의 변화, 재편된 경제력 구조에 따른 중간층의 확대 형성과 세분화 등 조선 후기 당시의 사회 변화는 국가의 전체 문화 동향을 서서히 바꿔 상·하층 문화를 상호교류하게 하였다. 상층 문화는 하향화하고 하층 문화는 상향화하면서 기존의 문예 양식들은 변하거나 없어지고 새로운 문예 양식이 발생하기도 하였다. 양반 사대부 장르인 한시가 민요 취향을 보여주기도 하고, 민간의 풍속과 민중의 생활상을 그리기도 했다. 시조는 장편화하고 이야기화하기도 했으며, 가사 또한 서민화하고 소설화의 길을 걷기도 하였다. 시정의 이야기들이 대거 야담으로 정착되기도 하고, 하층의 민요가 잡가의 형성에 중요한 역할을 하였으며, 무기는 상층 담화를 수용하기도 하였다. 당대의 예술 장르인 회화와 음악에서도 변화가 나타났다. 풍속화와 민화의 유행과 빠른 가락인 삭대엽과 고음으로의 음악적 이행이 바로 그것이다.

① 조선 중기에 이르기까지 상층 문화와 하층 문화의 호환이 잘 이루어지지 않았다.
② 조선 후기에는 문학뿐만 아니라 회화·음악 분야에서도 양식의 변화를 보여 주었다.
③ 상층 문화와 하층 문화가 서로의 영역에 스며들면서 새로운 장르나 양식이 발생하였다.
④ 시조의 장편화와 이야기화는 무가의 상층 담화 수용과 같은 맥락에서 이해할 수 있다.
⑤ 국가의 전체 문화 동향이 서서히 바뀌어 가면서 기존 권력구조에 변화를 가져다주었다.

Q 다음 글을 읽고 아래의 물음에 답하시오. 【74~75】

(가) 판소리의 동서편은 전라도 지방의 지리산 또는 섬진강을 기준으로 운봉, 구례, 순창, 흥덕 등지를 동편이라 하고 광주, 나주, 보성 등지를 서편이라고 한 데서 유래된 것입니다. 그러나 조선 후기에 들어와서 판소리 명창들의 지역 이동이 심해지고 교습 지역의 변동으로 원래의 특성도 희석되고 지역적 연고성도 단절되어 지금은 다만 전승 계보에 따라 그런 특성이 판소리에 일부 남아 있을 뿐입니다.

(나) 즉, 동편제(東便制)나 서편제(西便制)와 같은 소리 유파는 산과 강이 가로막아 교통이 불편하여 지역 간의 교류가 어렵던 시절 때문에 생긴 것입니다. 현재의 판소리를 서편제, 동편제 등으로 구분하는 것 자체가 쓸모없는 일이라는 주장도 있으나 일제 강점기 때만 하더라도 이러한 지역적 특성을 지닌 판소리가 전승되고 있었습니다.

(다) 가령 서편제 소리는 대체로 부드럽게 시작하는 데 반해서, 동편제 소리는 장중하게 시작된다든가, 서편제 소리는 대체로 느리게 끌고 기며 미세한 장식으로 진한 맛을 내는데 반하여, 동편제 소리는 박진감 있게 끌고 가며 윤곽이 뚜렷한 음악성을 구사합니다. 또한 서편제 소리를 꽃과 나무에, 동편제 소리를 봉우리 위에서 달이 뜨는 모습에 비유했습니다. 어떤 사람은 서편제 소리를 '진한 고기 맛'에 동편제 소리를 '채소처럼 담백한 맛'에 비유하기도 합니다.

(라) 1989년에 작고한 명고수 김명환은 "동편 소리는 창으로 큰 고기만 찍어 잡는 격이고, 서편 소리는 손으로 잔고기를 훑어 잡는 격"이라고 말했습니다. 말하자면 서편제 소리는 애조띤 여성의 소리로 시김새의 기교가 뛰어나며 풍부한 음악성으로 아기자기한 느낌을 전달합니다. 이러한 서편 소리는 동편 소리에 비해 대중적인 인기도 높았습니다.

74 다음 위의 글에 대한 내용으로 옳지 않은 것은?

① 동편과 서편을 가르는 경계는 지리산 또는 섬진강이다.

② 서편제는 동편제의 소리에 비해 부드럽고 느리게 끌고 간다.

③ 동편과 서편의 판소리는 현재에도 그 구분이 분명하며 판소리의 양대 흐름으로 독자적 발전을 모색하고 있다.

④ 동편제, 서편제로 구분하는 것 자체가 별로 의미가 없다고 말하는 이도 있다.

⑤ 서편제는 동편제에 비해 대중적인 인기가 높았다.

75 다음 중 위 문단의 구조를 바르게 나타낸 것은?

① (가) ― (나)
      └ (다) ― (라)

② (가) ― (나) ― (라)
         └ (다)

③ (가) ― (다) ― (라)
      └ (나)

④ (가) ― (나) ― (다)
         └ (라)

⑤ (가) ― (나) ― (다) ― (라) ― (마)

자료해석

≫ 정답 및 해설 p.215

01 다음 표는 학생 20명의 혈액형을 조사하여 나타낸 것이다. 이 중에서 한 학생을 임의로 택했을 때, 그 학생의 혈액형이 A형이 아닐 확률은?

혈액형	A	B	AB	O	합계
학생 수(명)	7	6	3	4	20

① $\dfrac{7}{20}$

② $\dfrac{1}{2}$

③ $\dfrac{13}{20}$

④ $\dfrac{17}{20}$

02 응시자가 모두 30명인 시험에서 20명이 합격하였다. 이 시험의 커트라인은 전체 응시자의 평균보다 5점이 낮고, 합격자의 평균보다는 30점이 낮았으며, 또한 불합격자의 평균 점수의 2배보다는 2점이 낮았다. 이 시험의 커트라인을 구하면?

① 90점

② 92점

③ 94점

④ 96점

Q 다음 ( ) 안에 들어갈 값으로 적절한 것을 고르시오. 【03~04】

03

> 2 2 4 12 48 ( ) 1440

① 240　　　　　　　　　　　② 260

③ 280　　　　　　　　　　　④ 300

04

> 3 8 6 24 9 72 ( ) 216 15

① 9　　　　　　　　　　　② 10

③ 11　　　　　　　　　　　④ 12

05 S전자는 작년에 매출액 대비 20%의 수익을 올렸고, 올해에는 할인하여 30% 하락한 가격으로 제품을 판매하려 한다. 작년과 동일한 개수의 제품을 생산하고 판매한다고 할 때 원가를 몇 % 절감하여야 작년과 동일한 수익을 낼 수 있는가?

① 20.5%　　　　　　　　　　② 27.5%

③ 37.5%　　　　　　　　　　④ 42.5%

06 A팀과 B팀의 농구 경기가 동점으로 끝나자 자유투 하나로 승패를 결정하기로 하였다. A팀이 자유투를 실패할 확률은 30%이고, 무승부가 될 확률은 46%일 때, B팀이 자유투를 성공할 확률은 얼마인가?

① 20%

② 30%

③ 40%

④ 50%

07 A, B 두 사람이 가위바위보를 하여 이긴 사람은 세 계단씩 올라가고 진 사람은 한 계단씩 내려가기로 하였다. 이 게임이 끝났을 때 A는 처음보다 27계단, B는 7계단 올라가 있었다. A가 이긴 횟수는?

① 8회

② 9회

③ 10회

④ 11회

08 가로의 길이가 24cm로 일정한 직사각형이 있다. 이 직사각형의 둘레의 길이를 60cm 이상으로 할 때, 세로의 길이를 최소 몇 cm 이상으로 해야 하는가?

① 3cm

② 4cm

③ 5cm

④ 6cm

09 어떤 책을 읽는데 하루에 6쪽씩 읽으면 45일이 채 걸리지 않고, 우선 2쪽을 읽고 하루에 7쪽씩 읽으면 38일
보다 조금 더 걸린다고 한다. 이 책은 모두 몇 쪽인가?

① 253쪽   ② 260쪽

③ 265쪽   ④ 269쪽

10 어떤 학교의 운동장은 둘레의 길이가 200m이다. 경석이는 자전거를 타고, 나영이는 뛰어서 이 운동장을 돌
고 있다. 두 사람이 같은 지점에서 동시에 출발하여 같은 방향으로 운동장을 돌면 1분 40초 뒤에 처음으로
다시 만나고, 서로 반대 방향으로 돌면 40초 뒤에 처음으로 다시 만난다. 경석이의 속력은 나영이의 속력의
몇 배인가?

① $\dfrac{3}{7}$ 배   ② $\dfrac{1}{2}$ 배

③ $\dfrac{7}{3}$ 배   ④ $\dfrac{8}{3}$ 배

11 한 층의 계단 길이가 15m인 빌딩 1층에서 37층까지 시속 3.6km의 속력으로 계단을 뛰어 올라간다면 몇 분
만에 도착하겠는가?

① 8분   ② 9분

③ 10분   ④ 11분

12 다음 표로부터 알 수 없는 것은?

구분	영업거리 (km)	정거장수 (역)	표정속도 (km/h)	최고속도 (km/h)	편성 (량)	정원 (인)	운행간격 (분/초)	수송력 (인/h)	총건설비 (억 원)
T레일	16.9	9	43.5	80	6	584	4분00초	8,760	2,110
K레일	8.4	12	28	35	4	478	6분00초	4,780	6,810
O레일	13.3	12	35	75	4	494	6분42초	3,952	11,530
D레일	16.2	12	27	60	4	420	6분00초	4,200	17,750

※ 표정속도=구간거리(km) / 정차시간을 포함한 구간 소요시간(h)
※ 편성 : 레일 하나를 이루는 객차량의 대수

① 영업거리를 운행하는 데 걸리는 시간
② 차량 1대당 승차인원
③ 적정운임의 산정
④ 평균 역간거리

13 두 자리의 자연수가 있다. 이 수는 각 자리의 숫자의 합의 4배이고, 십의 자리의 숫자와 일의 자리 숫자를 서로 바꾸면 바꾼 수는 처음 수보다 27이 크다고 한다. 처음 자연수를 구하면?

① 24 ② 30

③ 36 ④ 60

14 다음은 2019년 상반기 국민여행조사 중 해외여행 주요지표이다. 표를 통해 유추 가능한 것은?

〈표 1〉 여행 경험률(%)

구분	1월	2월	3월	4월	5월	6월
2018년	5.47	4.38	4.43	4.29	4.41	4.43
2019년	5.66	4.75	4.79	4.17	4.49	4.24

〈표 2〉 1회 여행 일수(일)

구분	1월	2월	3월	4월	5월	6월
2018년	4.91	4.45	4.49	4.29	4.99	4.90
2019년	4.98	5.36	5.10	5.00	4.84	4.74

〈표 3〉 1회 평균 여행 지출액(천 원)

구분	1월	2월	3월	4월	5월	6월
2018년	1,320	1,195	1,069	1,122	1,366	1,230
2019년	1,152	1,302	1,145	1,152	1,102	1,134

① 사람들은 평균적으로 4~5일 동안 해외여행을 떠난다.
② 사람들은 여름방학에 여행 가는 것을 선호한다.
③ 1회 평균 여행 지출액은 미국으로 여행을 갈 때의 지출액이다.
④ 2020년도에는 국내여행을 가는 사람들이 증가할 것이다.

Q 다음은 '경찰관 수와 범죄 건수와의 관계'를 나타낸 내용이다. 물음에 답하시오. 【15~16】

연구 주제	경찰관 수가 범죄 증감에 미치는 영향
연구 가설	경찰관 수가 증가하면 범죄 건수가 줄어들 것이다.
자료 수집	○○국 통계청 홈페이지 자료
분석 결과	수집한 자료를 분석한 결과 다음과 같이 나타났다. 〈경찰관 수의 증가율〉 (단위 : %, 전년대비) 〈범죄 건수의 증가율〉 (단위 : %, 전년대비)
결과 활용	연구 결과를 가지고 ○○국 정부에 정책을 제안하였다.

15 위 연구에 대한 옳은 설명을 모두 고른 것은?

> ㉠ 연구 가설은 기각되었다.
> ㉡ 연구자의 직관적 통찰을 중시하였다.
> ㉢ 경험적 자료를 토대로 사회 현상을 분석하였다.
> ㉣ 시 · 공간적 제약을 극복하는데 용이한 자료 수집 방법을 사용하였다.

① ㉠, ㉡
③ ㉡, ㉣

② ㉠, ㉢
④ ㉠, ㉢, ㉣

16 위 그래프에 대한 설명으로 옳은 것은?

① 경찰관 수가 가장 많은 해는 2000년도이다.
② 2001년도의 범죄 건수가 가장 많다.
③ 2003년까지 범죄 건수는 꾸준히 증가하였다.
④ 2004년 이후 경찰관 수는 다시 증가하고 있다.

17 한 나라의 인구 구조가 그림과 같이 ㈎에서 ㈏로 변화될 때 나타날 수 있는 현상에 대해 바르게 추론한 것을 모두 고른 것은?

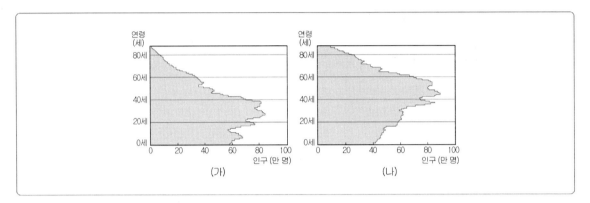

ㄱ 노인들의 정치적 영향력이 위축될 것이다.
ㄴ 노인의 사회 · 경제적 지위가 약화될 것이다.
ㄷ 가족의 사회 성원 재생산 기능이 감소할 것이다.
ㄹ 노인을 부양하기 위한 사회적 부담이 증가할 것이다.

① ㄱ, ㄴ
② ㄱ, ㄷ
③ ㄷ, ㄹ
④ ㄴ, ㄹ

18 1200m 다리를 차와 자전거가 지나가고 있다. 차의 속력이 $10m/s$ 라고 할 때, 자전거가 차보다 3분 늦게 도착했다면 자전거의 속력은?

① $1m/s$
② $2m/s$
③ $3m/s$
④ $4m/s$

19 농도 7%의 소금물 400g이 있다. 여기에 물 150g을 첨가했을 때 소금물의 농도(%)는? (단, 계산 값은 소수점 둘째 자리에서 반올림한다)

① 5.0   ② 5.1
③ 5.2   ④ 5.3

20 어느 건물에 설치된 자동판매기가 있다. 커피는 한 잔에 300원이고 코코아는 한 잔에 400원이다. 어느 날 커피와 코코아가 총 60잔이 판매되어 판매액이 19,800원이었다면 코코아는 몇 잔이 판매된 것인가?

① 15잔   ② 18잔
③ 20잔   ④ 25잔

21 어느 학교의 금년의 학생 수는 작년에 비하여 남학생은 3% 늘고, 여학생은 4% 줄어서 전체 학생 수는 1명 줄어 549명이 되었다고 한다. 금년의 여학생 수는 몇 명인가?

① 240명   ② 250명
③ 290명   ④ 300명

Ⓠ 다음은 소정이네 가정의 10월 생활비 300만 원의 항목별 비율을 나타낸 것이다. 물음에 답하시오.
【22~23】

구분	교육비	식료품비	교통비	기타
비율(%)	40	40	10	10

22 교통비 및 식료품비의 지출 비율이 아래 표와 같을 때 다음 설명 중 가장 적절한 것은 무엇인가?

〈표 1〉 교통비 지출 비율

교통수단	자가용	버스	지하철	기타	계
비율(%)	30	10	50	10	100

〈표 2〉 식료품비 지출 비율

항목	육류	채소	간식	기타	계
비율(%)	60	20	5	15	100

① 식료품비에서 채소 구입에 사용한 금액은 교통비에서 지하철 이용에 사용한 금액보다 적다.
② 식료품비에서 기타 사용 금액은 교통비의 기타 사용 금액의 6배이다.
③ 10월 동안 교육비에는 총 140만 원을 지출했다.
④ 교통비에서 자가용과 지하철을 이용한 금액을 합한 것은 식료품비에서 채소 구입에 지출한 금액보다 크다.

23 소정이네 가정의 9월 한 달 생활비가 350만 원이고 생활비 중 식료품비가 차지하는 비율이 10월과 같았다면 지출한 식료품비는 9월에 비해 얼마나 감소하였는가?

① 5만 원   ② 10만 원
③ 15만 원   ④ 20만 원

24 현우는 자전거를 타고 둘레가 5km인 호수 공원을 한 바퀴 도는데, 처음에는 시속 4km로 돌다가 나중에는 주변 경치도 구경할 겸 시속 2km로 돌았다. 한 바퀴 도는 데 1시간 30분이 걸렸다면 나중에 주변 경치를 구경하며 자전거로 달린 거리는 몇 km인가?

① 1km   ② 1.5km

③ 2km   ④ 2.5km

25 한 개의 동전을 두 번 던지는 시행에서 앞면이 나오면 200원, 뒷면이 나오면 50원의 상금을 받는다. 상금의 기댓값은?

① 125   ② 200

③ 250   ④ 400

26 8명이 일하는 경우 60시간이 걸리는 일을 36시간 만에 끝내려면 최소 몇 명의 인원이 더 필요한가?

① 5명   ② 6명

③ 7명   ④ 8명

Q 다음은 식품 분석표이다. 자료를 이용하여 물음에 답하시오. 【27~29】

(중량을 백분율로 표시)

영양소 / 식품	대두	우유
수분	11.8%	88.4%
탄수화물	31.6%	4.5%
단백질	34.6%	2.8%
지방	(가)	3.5%
회분	4.8%	0.8%
합계	100.0%	100.0%

27 (가)에 들어갈 숫자로 올바른 것은?

① 17.2% ② 20.2%

③ 22.3% ④ 34.2%

28 대두에서 수분을 제거한 후, 남은 영양소에 대한 중량 백분율을 새로 구할 때, 단백질중량의 백분율은 약 얼마가 되는가? (단, 소수점 셋째 자리에서 반올림한다)

① 18.09% ② 24.14%

③ 39.23% ④ 41.12%

29 우유의 회분 중에는 0.02%의 미량성분이 포함되어 있다고 할 때, 우유 속에 있는 미량성분의 중량 백분율은 얼마인가?

① 1.6×10^{-2}

② 1.6×10^{-3}

③ 1.6×10^{-4}

④ 1.6×10^{-5}

30 다음은 어떤 학교 학생의 학교에서 집까지의 거리를 조사한 결과이다. ㉠과 ㉡에 들어갈 수로 옳은 것은? (조사결과는 학교에서 집까지의 거리가 1km 미만인 사람과 1km 이상인 사람으로 나눠서 표시한다)

성별	1km 미만	1km 이상	합계
남성	72 (X%)	168 (㉠%)	240(100%)
여성	〔㉡〕(36%)	Y (64%)	200(100%)

	㉠	㉡
①	60	70
②	60	72
③	70	70
④	70	72

Q 다음은 주유소 4곳을 경영하는 서원각에서 2010년 VIP 회원의 업종별 구성비율을 지점별로 조사한 표이다. 표를 보고 물음에 답하시오. (단, 가장 오른쪽은 각 지점의 회원수가 전 지점의 회원 총수에서 차지하는 비율을 나타낸다) 【31~33】

구분	대학생	회사원	자영업자	주부	각 지점 / 전 지점
A	10%	20%	40%	30%	10%
B	20%	30%	30%	20%	30%
C	10%	50%	20%	20%	40%
D	30%	40%	20%	10%	20%
전 지점	20%		30%		100%

31 서원각 전 지점에서 회사원의 수는 회원 총수의 몇 %인가?

① 24%

② 33%

③ 39%

④ 51%

32 A지점의 회원수를 5년 전과 비교했을 때 자영업자의 수가 2배 증가했고 주부회원과 회사원은 1/2로 감소하였으며 그 외는 변동이 없었다면 5년전 대학생의 비율은? (단, A지점의 2010년 VIP회원의 수는 100명이다)

① 7.69%

② 8.53%

③ 8.67%

④ 9.12%

33 B지점의 대학생 회원수가 300명일 때 C지점의 대학생 회원수는?

① 100명
② 200명
③ 300명
④ 400명

34 다음은 복지 예산의 부문별 비중 변화 추이를 나타낸 그래프이다. 이에 대한 설명으로 옳은 것만을 바르게 짝지은 것은?

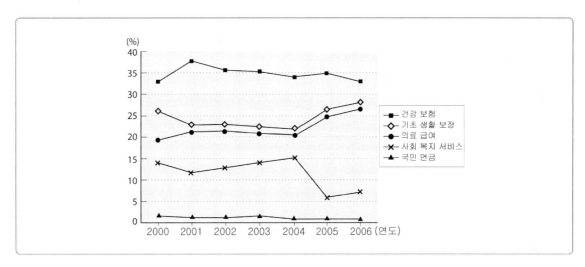

㉠ 복지 예산에서 부문별 비중의 순위는 바뀌지 않았다.
㉡ 부문별 비중 변화 폭은 사회 복지 서비스가 건강 보험보다 크다.
㉢ 공공 부조에 해당하는 부문의 비중이 가장 높은 연도는 2000년이다.
㉣ 2001년 이후 사회 보험에 해당하는 부문의 예산은 지속적으로 감소하였다.

① ㉠, ㉡
② ㉠, ㉣
③ ㉢, ㉣
④ ㉠, ㉡, ㉢

Q 다음 표는 국제결혼 건수에 관한 표이다. 물음에 답하시오. 【35~36】

(단위 : 명)

연도 \ 구분	총 결혼건수	국제 결혼건수	외국인 아내건수	외국인 남편건수
1990	399,312	4,710	619	4,091
1994	393,121	6,616	3,072	3,544
1998	375,616	12,188	8,054	4,134
2002	306,573	15,193	11,017	4,896
2006	332,752	39,690	30,208	9,482

35 다음 중 표에 관한 설명으로 가장 적절한 것은?

① 외국인과의 결혼 비율이 점점 감소하고 있다.

② 21세기 이전에는 총 결혼건수가 증가 추세에 있었다.

③ 총 결혼건수 중 국제 결혼건수가 차지하는 비율이 증가 추세에 있다.

④ 한국 남자와 외국인 여자의 결혼건수 증가율과 한국 여자와 외국인 남자의 결혼건수 증가율이 비슷하다.

36 다음 중 총 결혼건수 중 국제 결혼건수의 비율이 가장 높았던 해는 언제인가?

① 1990년   ② 1994년

③ 1998년   ④ 2002년

Q 다음 표를 보고 물음에 답하시오. 【37~38】

<표 1> 문구점의 월별 판매실적(원)

날짜	연필	볼펜	지우개	노트
2월	50,000	5,500	1,200	47,000
3월	20,000	6,500	5,400	38,000
4월	35,500	12,500	3,300	20,000
5월	7,500	3,500	8,900	15,500
6월	55,000	8,900	5,400	7,500
합계	168,000	36,900	24,200	128,000
평균	33,600	7,380	4,840	25,600

37 판매액이 가장 많은 달의 금액은 얼마인가?

① 103,700원

② 76,800원

③ 75,800원

④ 113,700원

38 위 표에 대한 설명으로 틀린 것은?

① 지우개가 가장 많이 판매된 달의 볼펜 판매실적은 3500원이다.

② 3월에 연필과 볼펜을 같은 가격으로 판매했다면 그 비율은 40:13이다.

③ 노트의 판매실적이 가장 적은 달의 지우개 판매실적도 가장 적다.

④ 4월 달에 연필 한 자루를 500원에 팔았다면 판매량은 71자루이다.

39 어느 공원의 입장료는 1인당 500원이다. 단체로 입장할 경우에는 50명 이상부터 2할을 할인 받는다고 한다. 최소한 몇 명부터 단체권을 사는 것이 유리한가?

① 39명

② 40명

③ 41명

④ 42명

40 보트로 길이가 12km인 강을 거슬러 올라가는 데 1시간 30분이 걸렸고, 내려오는 데 1시간이 걸렸다. 이때, 정지하고 있는 물에서의 보트의 속력 A와 강물의 속력 B를 각각 구하면?

① A : 2km/h, B : 2km/h

② A : 10km/h, B : 10km/h

③ A : 15km/h, B : 2km/h

④ A : 10km/h, B : 2km/h

41 다음은 이혼건수 통계 그래프이다. 다음 중 옳지 않은 것은?

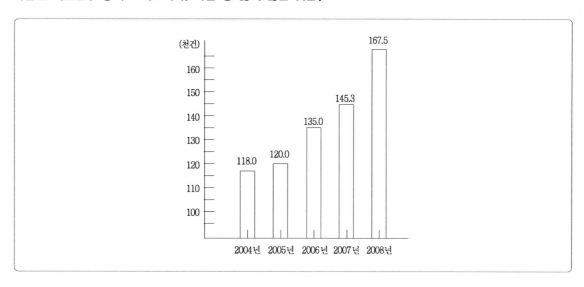

① 2004년부터 이혼건수는 꾸준히 증가하였다.

② 전년대비 이혼건수가 가장 많이 증가한 해는 2008년이다.

③ 2005년 이혼건수는 전년대비 약 1.7% 증가하였다.

④ 2008년은 전년에 비해 이혼건수가 2만 건 증가하였다.

Ⓠ 다음은 4개 대학교 학생들의 하루 평균 독서시간을 조사한 결과이다. 다음 물음에 답하시오. 【42~43】

구분	1학년	2학년	3학년	4학년
㉠	3.4	2.5	2.4	2.3
㉡	3.5	3.6	4.1	4.7
㉢	2.8	2.4	3.1	2.5
㉣	4.1	3.9	4.6	4.9
대학생평균	2.9	3.7	3.5	3.9

42 주어진 단서를 참고하였을 때, 표의 처음부터 차례대로 들어갈 대학으로 알맞은 것은?

- A대학은 고학년이 될수록 독서시간이 증가하는 대학이다
- B대학은 각 학년별 독서시간이 항상 평균 이상이다.
- C대학은 3학년의 독서시간이 가장 낮다.
- 2학년의 하루 독서시간은 C대학과 D대학이 비슷하다.

㉠ ㉡ ㉢ ㉣
① C – A – D – B

㉠ ㉡ ㉢ ㉣
② A – B – C – D

③ D – B – A – C

④ D – C – A – B

43 다음 중 옳지 않은 것은?

① C대학은 학년이 높아질수록 독서시간이 줄어들었다.
② A대학은 3, 4학년부터 대학생 평균 독서시간보다 독서시간이 증가하였다.
③ B대학은 학년이 높아질수록 독서시간이 증가하였다.
④ D대학은 대학생 평균 독서시간보다 매 학년 독서시간이 적다.

44 다음은 음식가격에 따른 연령별 만족지수를 나타낸 그래프이다. 그래프에 대한 설명으로 옳은 것을 모두 고르면?

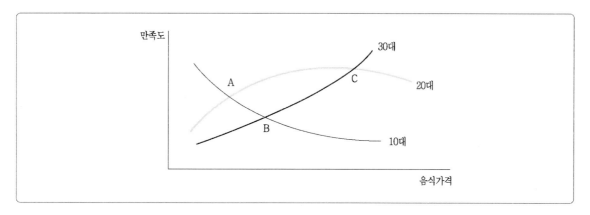

ⓐ 10대, 20대, 30대 모두 음식가격이 높을수록 만족도가 높아진다.
ⓑ 20대는 음식의 가격이 일정 가격 이상을 초과할 경우 오히려 만족도가 떨어진다.
ⓒ 20대의 언니와 10대의 동생이 외식을 할 경우 만족도가 가장 높은 음식가격은 A이다.
ⓓ 10대는 양이 많은 음식점에 대해 만족도가 높을 것이다.

① ㉠㉡
② ㉠㉢
③ ㉡㉢
④ ㉡㉣

Q 다음은 A, B, C, D 도시의 인구 및 총인구에 대한 여성의 비율과 독신여성 비율을 나타 낸 표이다. 물음에 답하시오. (단, 여성 독신자비율은 여성 수에 대한 비율을 나타낸 것이다) 【45~46】

구분	A 도시	B 도시	C 도시	D 도시
인구(만 명)	25	39	42	56
여성비율(%)	42	53	47	57
여성 독신자비율(%)	42	31	28	32

45 올해 A도시의 여성 독신자의 7%가 결혼을 하였다면 올해 결혼한 독신여성은 몇 명인가?

① 3,087명

② 6,940명

③ 7,350명

④ 8,000명

46 다음 설명으로 옳지 않은 것은?

① B도시의 여성인구는 206,700명이다.

② 여성인구가 가장 많은 곳은 D도시이다.

③ 여성독신인구가 가장 많은 곳은 B도시이다.

④ D도시의 여성독신자 인구는 102,144명이다.

47 다음 표에 대한 설명으로 옳지 않은 것은?

(단위 : 건 수)

연도 분류	2011	2012	2013	2014
총 이혼(A)	167,096	139,365	128,468	125,032
한국인과 외국인의 총 이혼 (B=C+D)	2,164	3,400	4,278	6,280
한국인 남편과 외국인 처의 이혼(C)	583	1,611	2,444	4,010
한국인 처와 외국인 남편의 이혼(D)	1,581	1,789	1,834	2,270

① A에서 B가 차지하는 비중은 지속적으로 높아졌다.

② 전년 대비 증가율은 모든 연도에서 D가 C보다 높다.

③ 2013년 이후 B에서 차지하는 비중은 D보다 C가 크다.

④ 2014년 A ~ D 중 C가 2011년 대비 증가율이 가장 높다.

48 다음은 서원고등학교 A반과 B반의 시험성적에 관한 표이다. 이에 대한 설명으로 옳지 않은 것은?

분류	A반 평균		B반 평균	
	남학생(20명)	여학생(15명)	남학생(15명)	여학생(20명)
국어	6.0	6.5	6.0	6.0
영어	5.0	5.5	6.5	5.0

① 국어과목의 경우 A반 학생의 평균이 B반 학생의 평균보다 높다.

② 영어과목의 경우 A반 학생의 평균이 B반 학생의 평균보다 낮다.

③ 2과목 전체 평균의 경우 A반 여학생의 평균이 B반 남학생의 평균보다 높다.

④ 2과목 전체 평균의 경우 A반 남학생의 평균은 B반 여학생의 평균과 같다.

49 다음은 어떤 지역의 연령층·지지 정당별 사형제 찬반에 대한 설문조사 결과이다. 이에 대한 설명 중 옳은 것을 고르면?

(단위 : 명)

연령층	지지정당	사형제에 대한 태도	빈도
청년층	A	찬성	90
		반대	10
	B	찬성	60
		반대	40
장년층	A	찬성	60
		반대	10
	B	찬성	15
		반대	15

① 청년층은 장년층보다 사형제에 반대하는 사람의 수가 적다.
② B당 지지자의 경우, 청년층은 장년층보다 사형제 반대 비율이 높다.
③ A당 지지자의 사형제 찬성 비율은 B당 지지자의 사형제 찬성 비율보다 낮다.
④ 사형제 찬성 비율의 지지 정당별 차이는 청년층보다 장년층에서 더 크다.

Q 다음은 아동·청소년의 인구변화에 관한 표이다. 물음에 답하시오. 【50~51】

(단위 : 명)

연령＼연도	2000년	2005년	2010년
전체 인구	44,553,710	45,985,289	47,041,434
0~24세	18,403,373	17,178,526	15,748,774
0~9세	6,523,524	6,574,314	5,551,237
10~24세	11,879,849	10,604,212	10,197,537

50 다음 중 비율이 가장 높은 것은?

① 2000년의 전체 인구 중에서 0~24세 사이의 인구가 차지하는 비율
② 2005년의 0~24세 인구 중에서 10~24세 사이의 인구가 차지하는 비율
③ 2010년의 전체 인구 중에서 0~24세 사이의 인구가 차지하는 비율
④ 2000년의 0~24세 인구 중에서 10~24세 사이의 인구가 차지하는 비율

51 다음 중 표에 관한 설명으로 가장 적절한 것은?

① 전체 인구수가 증가하는 이유는 0~9세 아동 인구 때문이다.
② 전체 인구 중 25세 이상보다 24세 이하의 인구수가 많다.
③ 전체 인구 중 10~24세 사이의 인구가 차지하는 비율은 변화가 없다.
④ 전체 인구 중 24세 이하의 인구가 차지하는 비율이 지속적으로 감소하고 있다.

52 다음 자료는 연도별 자동차 사고 발생상황을 정리한 것이다. 다음의 자료로부터 추론하기 어려운 내용은?

연도 \ 구분	발생건수(건)	사망자수(명)	10만명당 사망자 수(명)	차 1만대당 사망자 수(명)	부상자 수(명)
1997	246,452	11,603	24.7	11	343,159
1998	239,721	9,057	13.9	9	340,564
1999	275,938	9,353	19.8	8	402,967
2000	290,481	10,236	21.3	7	426,984
2001	260,579	8,097	16.9	6	386,539

① 연도별 자동차 수의 변화
② 운전자 1만 명당 사고 발생 건수
③ 자동차 1만 대당 사고율
④ 자동차 1만 대당 부상자 수

53 두 자리의 자연수가 있다. 십의 자리의 숫자와 일의 자리의 숫자의 합이 11이고, 이 자연수의 십의 자리의 숫자와 일의 자리의 숫자를 바꾼 수는 처음 수의 3배보다 5가 크다고 한다. 이때, 처음의 자연수는?

① 29
② 38
③ 47
④ 56

54 다음 그림과 같이 길이가 38cm인 철사 AB를 점 P, Q 지점에서 구부려 삼각형을 만들려고 한다. 이때, 만족하는 자연수 x의 개수는?

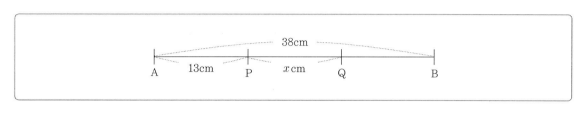

① 12개   ② 13개

③ 14개   ④ 15개

55 철수는 오후 3시에 출발하는 기차를 타기 위해 오후 1시 30분에 역에 도착하였는데, 출발 시각까지 남은 시간을 이용하여 선물을 사려고 한다. 선물을 고르는 데 15분이 걸리고 시속 3km로 걸어서 갔다 온다고 할 때, 다음 중 살 수 있는 선물은 모두 몇 가지인가? (단, 역에서 상점까지의 거리는 아래표와 같다.)

꽃집	1.8km
시계방	2km
옷집	1.9km
문구점	1.7km
서점	1.85km

꽃, 시계, 옷, 학용품, 책

① 1가지   ② 2가지

③ 3가지   ④ 4가지

Q 다음은 60대 인구의 여가활동 목적추이를 나타낸 표(단위 : %)이고, 그래프는 60대 인구의 여가활동 특성(단위 : %)에 관한 것이다. 자료를 보고 물음에 답하시오. 【56~57】

〈표〉 60대 인구의 여가활동 목적추이

(단위 : %)

구분	2006	2007	2008
개인의 즐거움	21	22	19
건강	26	31	31
스트레스 해소	11	7	8
마음의 안정과 휴식	15	15	13
시간 때우기	6	6	7
자기발전 지기계발	6	4	4
대인관계 교제	14	12	12
자아실현 자아만족	2	2	4
가족친목	0	0	1
정보습득	0	0	0

〈그림〉 60대 인구의 여가활동 특성

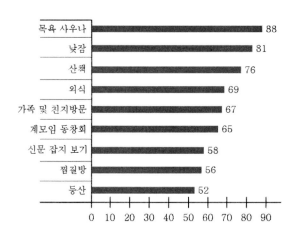

56 위의 자료에 대한 설명으로 올바른 것은?

① 60대 인구 대부분은 스트레스 해소를 위해 목욕·사우나를 한다.

② 60대 인구가 가족 친목을 위해 여가시간을 보내는 비중은 정보습득을 위해 여가시간을 보내는 비중만큼 이나 작다.

③ 60대 인구가 건강을 위해 여가활동을 보내는 추이가 점차 감소하고 있다.

④ 여가활동을 낮잠으로 보내는 비율이 60대 인구의 여가활동 가운데 가장 높다.

57 60대 인구가 25만 명이라면 여가활동으로 등산을 하는 인구는 몇 명인가?

① 13만 명 　　　　　　　　② 15만 명

③ 16만 명 　　　　　　　　④ 17만 명

Q 〈표 1〉은 대재 이상 학력자의 3개월간 일반도서 구입량에 대한 표이고 〈표 2〉는 20대 이하 인구의 3개월간 일반도서 구입량에 대한 표이다. 물음에 답하시오. 【58~60】

〈표 1〉 대재 이상 학력자의 3개월간 일반도서 구입량

	2006년	2007년	2008년	2009년
사례 수	255	255	244	244
없음	41%	48%	44%	45%
1권	16%	10%	17%	18%
2권	12%	14%	13%	16%
3권	10%	6%	10%	8%
4~6권	13%	13%	13%	8%
7권 이상	8%	8%	3%	5%

〈표 2〉 20대 이하 인구의 3개월간 일반도서 구입량

	2006년	2007년	2008년	2009년
사례 수	491	545	494	481
없음	31%	43%	39%	46%
1권	15%	10%	19%	16%
2권	13%	16%	15%	17%
3권	14%	10%	10%	7%
4~6권	17%	12%	13%	9%
7권 이상	10%	8%	4%	5%

58 2007년 20대 이하 인구의 3개월간 일반도서 구입량이 1권 이하인 사례는 몇 건인가?
(소수 첫째 자리에서 반올림하시오)

① 268건　　　　　　　　　　　② 278건
③ 289건　　　　　　　　　　　④ 정답 없음

59 2008년 대재 이상 학력자의 3개월간 일반도서 구입량이 7권 이상인 경우의 사례는 몇 건인가?

① 7.3건　　　　　　　　　　　② 7.4건
③ 7.5건　　　　　　　　　　　④ 7.6건

60 위의 표에 대한 설명으로 옳지 않은 것은?

① 20대 이하 인구가 3개월간 1권 구입한 일반도서량은 해마다 증가하고 있다.
② 20대 이하 인구가 3개월간 일반도서 7권 이상 읽은 비중이 가장 낮다.
③ 20대 이하 인구가 3권 이상 6권 이하로 일반도서 구입하는 량은 해마다 감소하고 있다.
④ 대재 이상 학력자가 3개월간 일반도서 1권 구입하는 것보다 한 번도 구입한 적이 없는 경우가 더 많다.

Q 다음 입체도형의 전개도로 알맞은 것을 고르시오. 【01 ~ 12】

※ 주의사항
• 입체도형을 전개하여 전개도를 만들 때, 전개도에 표시된 그림(예 : ▮▮, ◪ 등)은 회전의 효과를 반영함. 즉, 본 문제의 풀이과정에서 보기의 전개도 상에 표시된 "▮▮"와 "▬"은 서로 다른 것으로 취급함.
• 단, 기호 및 문자(예 : ☎, ♤, ♨, K, H)의 회전에 의한 효과는 본 문제의 풀이과정에 반영하지 않음. 즉, 입체도형을 펼쳐 전개도를 만들있을 때에 "🔊"의 방향으로 나타나는 기호 및 문자도 보기에서는 "☎"방향으로 표시하며 동일한 것으로 취급함.

01

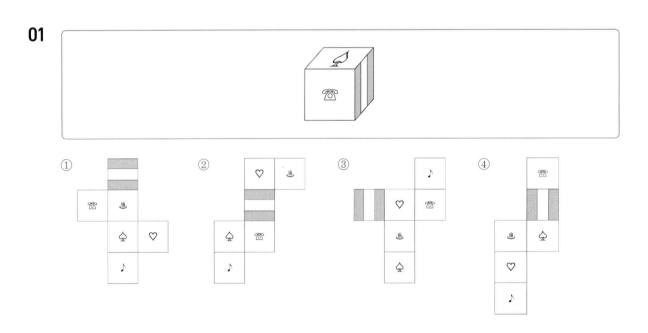

02

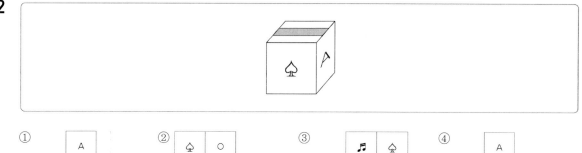

① 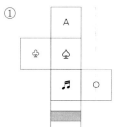　② 　③ 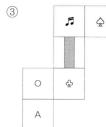　④

03

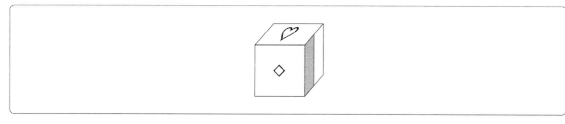

① 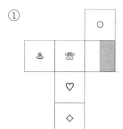　② 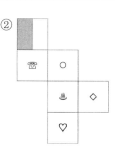　③ 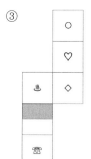　④

04

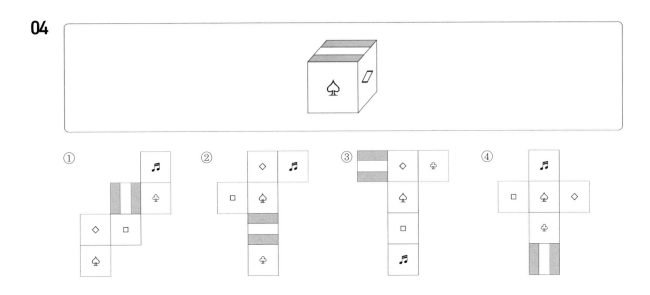

05

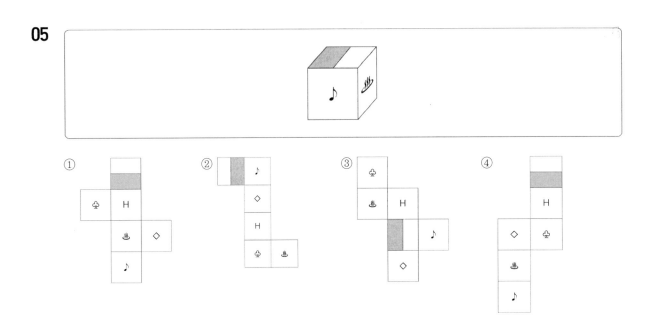

06

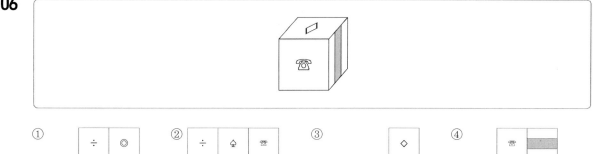

① 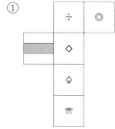　② 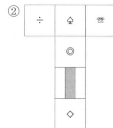　③ 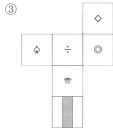　④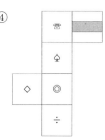

07

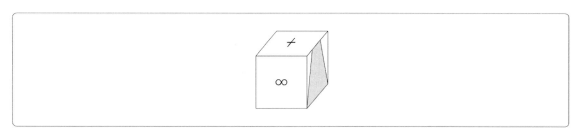

① 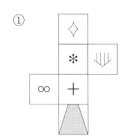　② 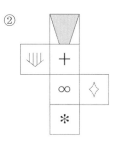　③ 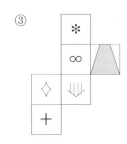　④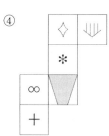

08

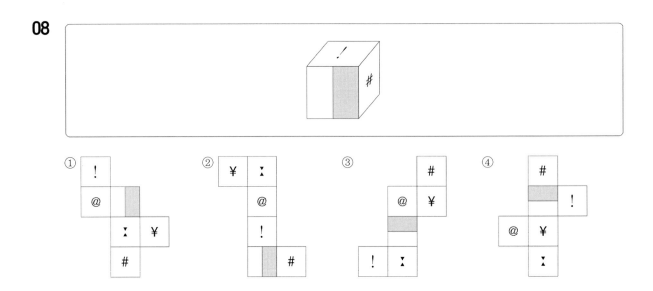

09

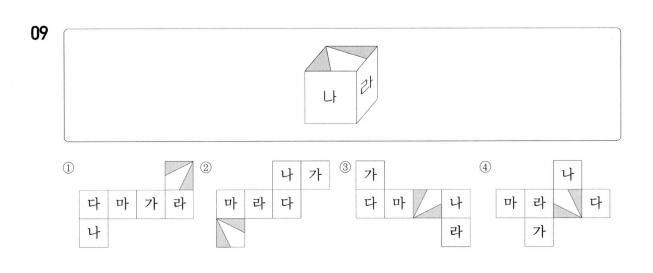

10

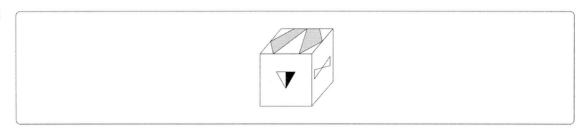

① 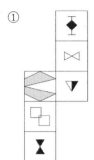 ② 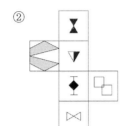 ③ 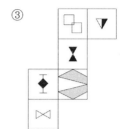 ④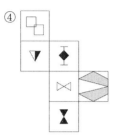

11

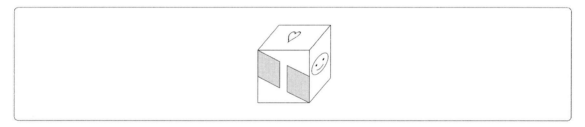

①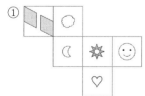

②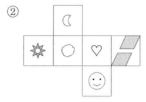

③

④

12

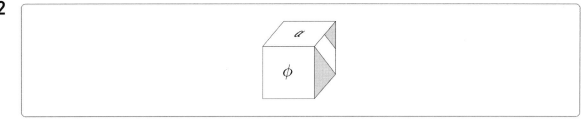

①
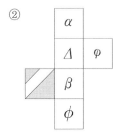

②
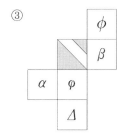

③

④

Q 다음 전개도를 접었을 때 나타나는 도형으로 알맞은 것을 고르시오. 【13~27】

- 전개도를 접을 때 전개도 상의 그림, 기호, 문자가 입체도형의 겉면에 표시되는 방향으로 접음.
- 전개도를 접어 입체도형을 만들 때, 전개도에 표시된 그림(예 : ▮, ◿ 등)은 회전의 효과를 반영함. 즉, 본 문제의 풀이과정에서 보기의 전개도 상에 표시된 "▮"와 "▭"은 서로 다른 것으로 취급함.
- 단, 기호 및 문자(예 : ☎, ♤, ♨, K, H)의 회전에 의한 효과는 본 문제의 풀이과정에 반영하지 않음. 즉, 전개도를 접어 입체도형을 만들었을 때에 "☏"의 방향으로 나타나는 기호 및 문자도 보기에서는 "☎"방향으로 표시하며 동일한 것으로 취급함.

13

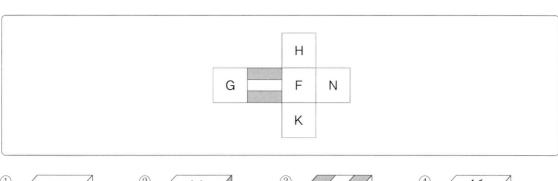

① 　② 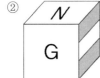　③ 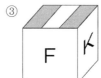　④

14

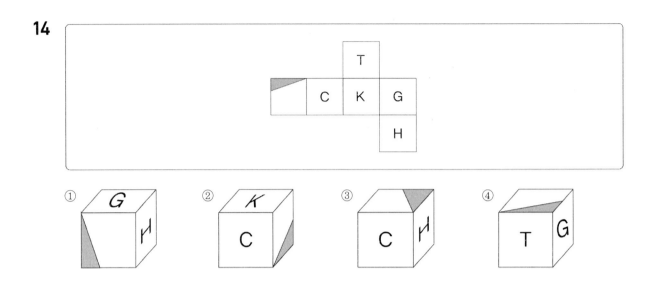

15

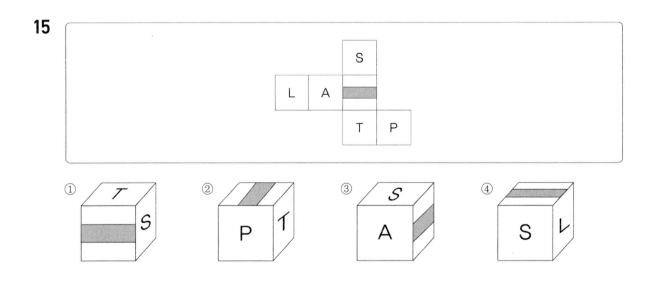

16

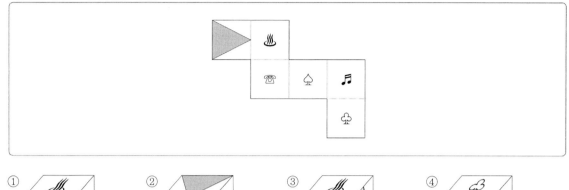

① 　② 　③ 　④

17

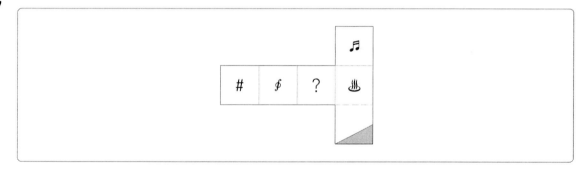

① 　② 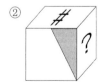　③ 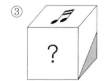　④

18

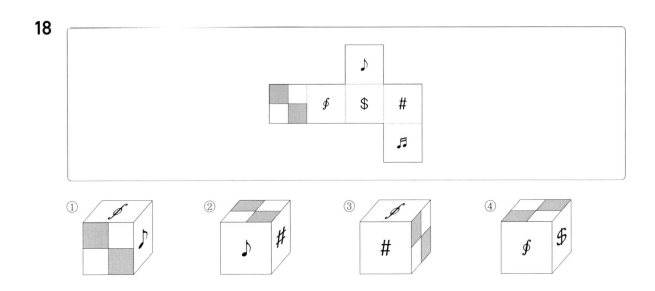

19

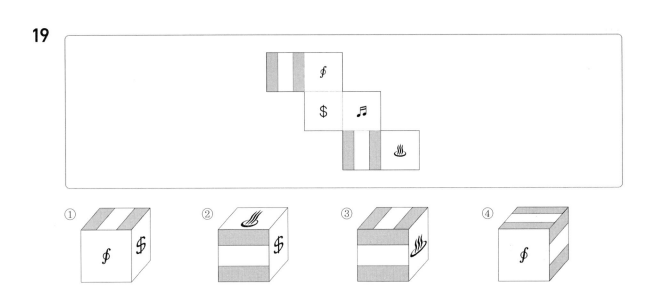

20

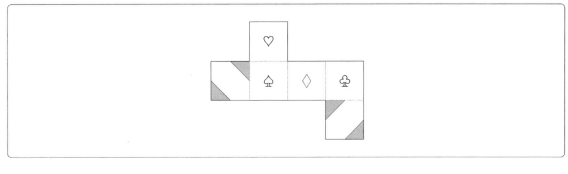

① 　　② 　　③ 　　④

21

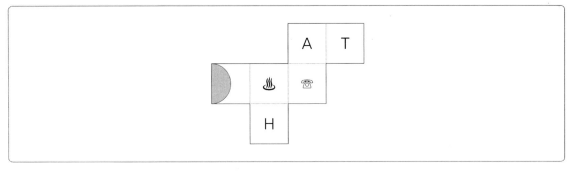

① 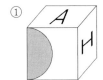　　② 　　③ 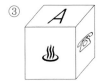　　④

22

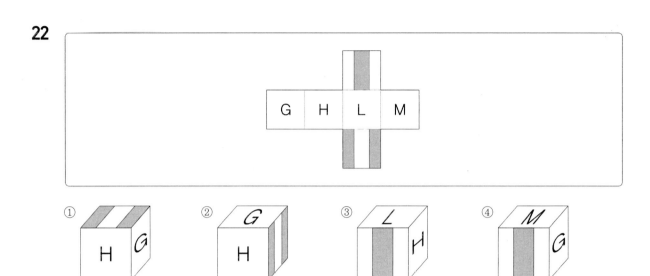

23

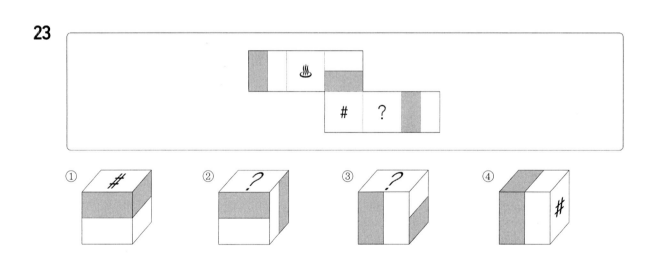

24

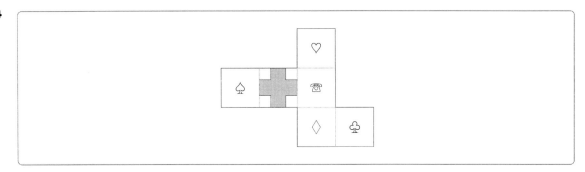

① 　② 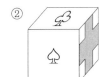　③ 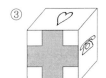　④

25

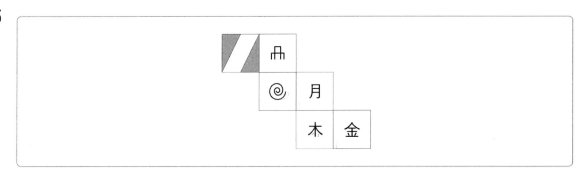

① 　② 　③ 　④

26

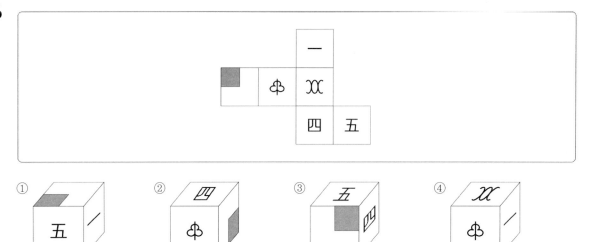

27

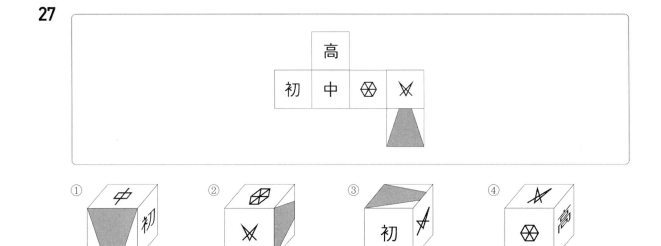

Q 다음에 제시된 그림과 같이 쌓기 위해 필요한 블록의 수는? 【28~42】 (단, 블록은 모양과 크기가 모두 동일한 정육면체임)

28

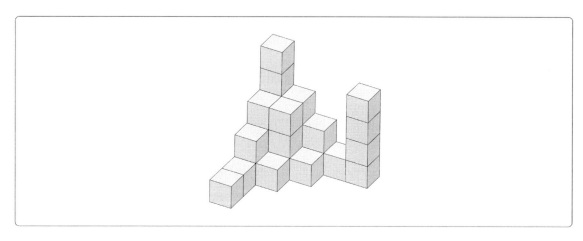

① 27　　　　　　　　　　　　　　　　② 28

③ 29　　　　　　　　　　　　　　　　④ 30

29

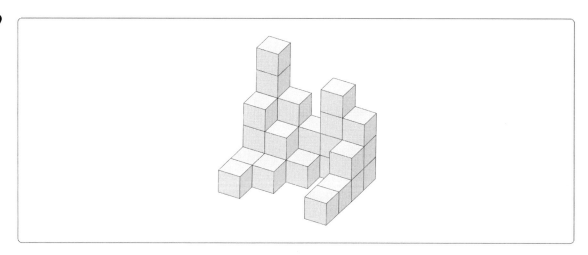

① 30　　　　　　　　　　　　　　　　② 31

③ 32　　　　　　　　　　　　　　　　④ 33

30

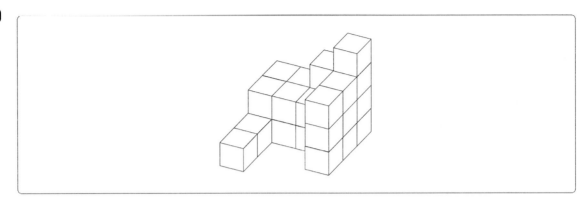

① 23   ② 24

③ 25   ④ 26

31

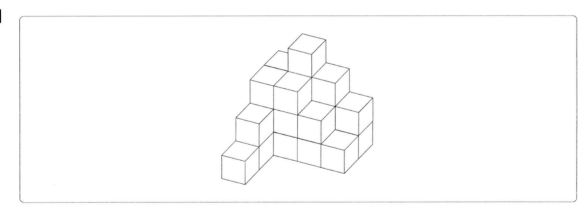

① 18   ② 20

③ 22   ④ 24

32

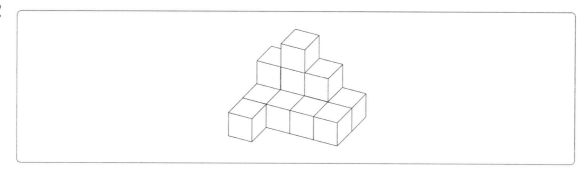

① 13   ② 14

③ 15   ④ 16

33

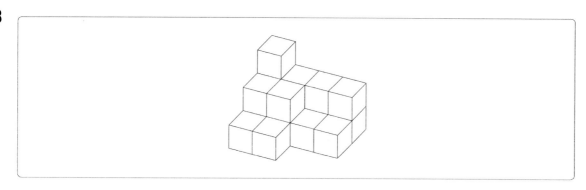

① 16   ② 17

③ 18   ④ 19

34

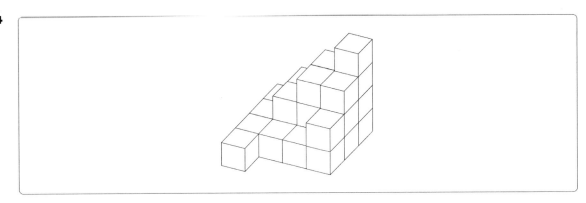

① 23　　　　　　　　　② 24
③ 25　　　　　　　　　④ 26

35

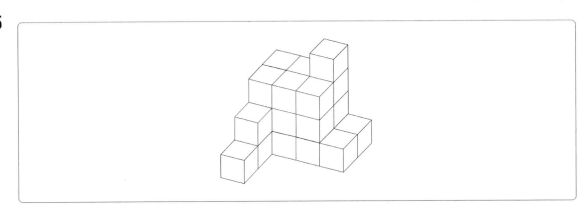

① 18　　　　　　　　　② 20
③ 22　　　　　　　　　④ 24

36

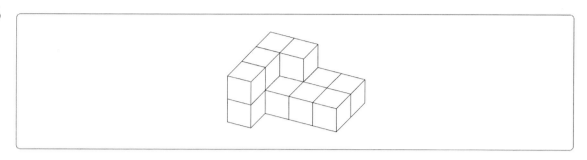

① 13   ② 14
③ 15   ④ 16

37

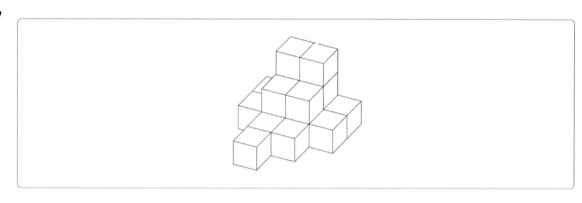

① 16   ② 17
③ 18   ④ 19

38

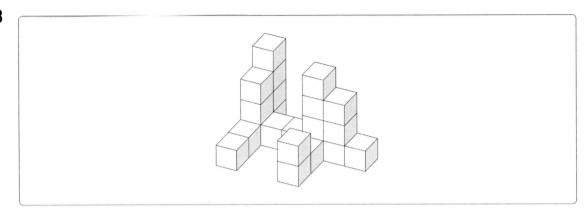

① 18   ② 20
③ 22   ④ 24

39

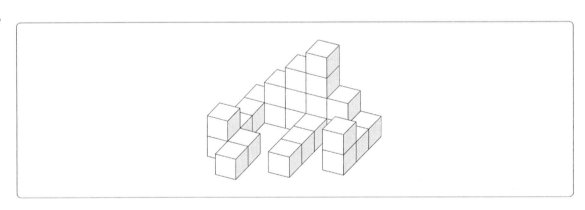

① 25   ② 27
③ 29   ④ 31

40

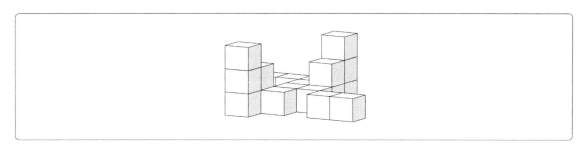

① 19 ② 21
③ 23 ④ 25

41

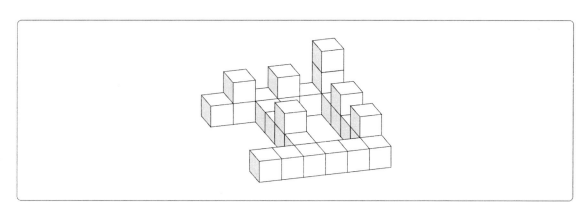

① 23 ② 25
③ 27 ④ 29

42

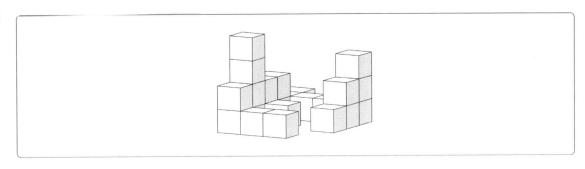

① 21

② 23

③ 25

④ 27

Q 다음 아래에 제시된 블록들을 화살표 표시한 방향에서 바라봤을 때의 모양으로 알맞은 것은? 【43~54】

- 블록은 모양과 크기는 모두 동일한 정육면체임.
- 바라보는 시선의 방향은 블록의 면과 수직을 이루며 원근에 의해 블록이 작게 보이는 효과는 고려하지 않음.

43

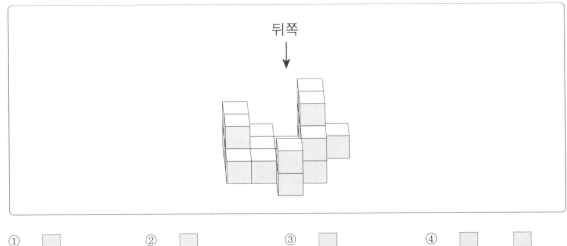

①

②

③

④

44

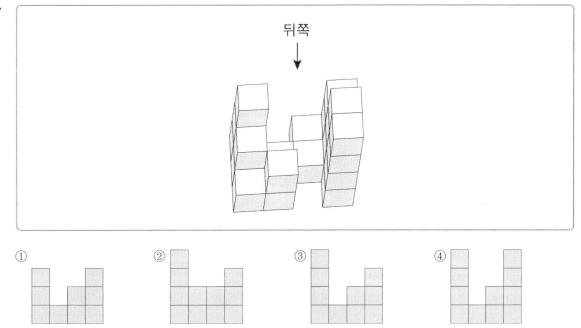

① ② ③ ④

45

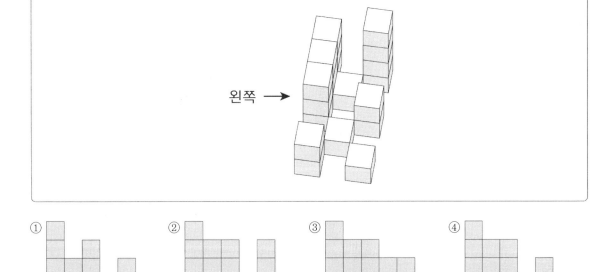

① ② ③ ④

46

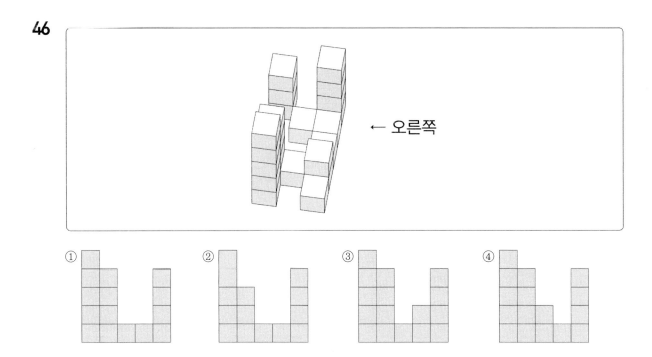

47

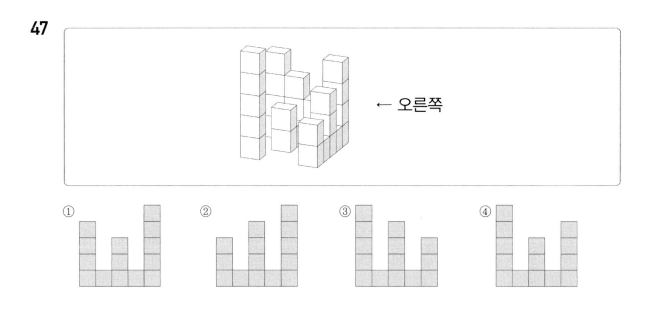

48

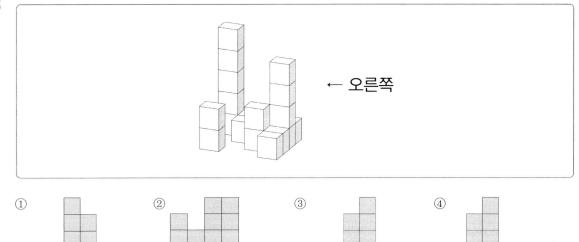

← 오른쪽

① ② ③ ④

49

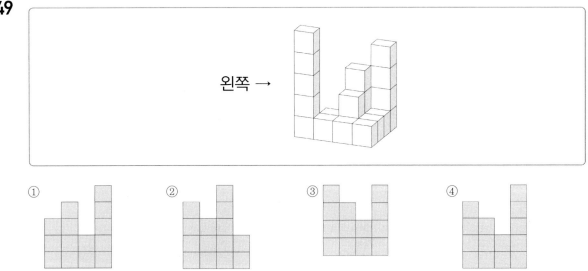

왼쪽 →

① ② ③ ④

50

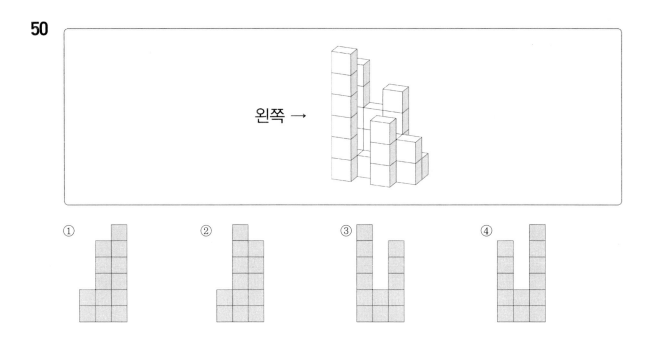

51

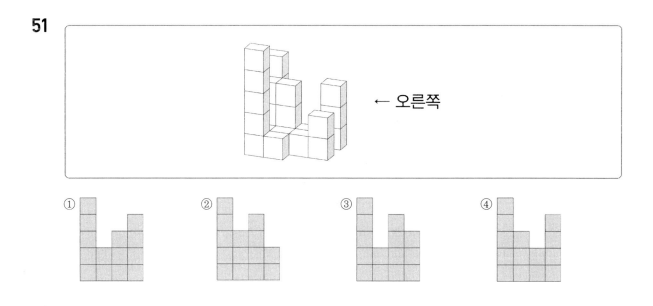

52

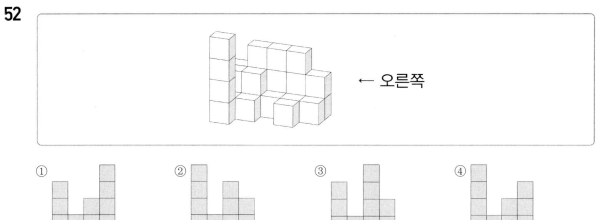

← 오른쪽

① ② ③ ④

53

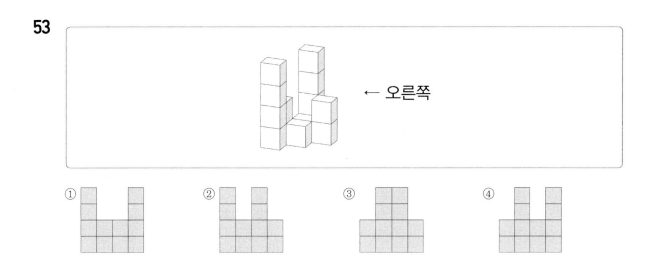

← 오른쪽

① ② ③ ④

54

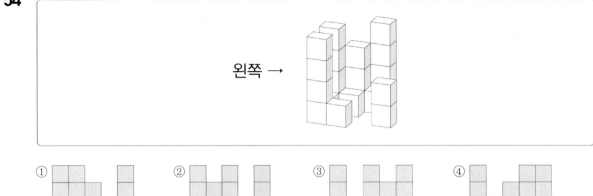

① ② ③ ④

CHAPTER 04 지각속도

≫ 정답 및 해설 p.242

Q 다음 왼쪽과 오른쪽 기호의 대응을 참고하여 각 문제의 대응이 같으면 '① 맞음'을, 틀리면 '② 틀림'을 선택하시오. 【01~03】

a = 어	b = 야	c = 가	d = 즈
e = 나	f = 시	g = 마	h = 디

01 어 디 가 시 나 – a h c f e   ① 맞음   ② 틀림

02 나 디 야 가 즈 야 – e h b c d b   ① 맞음   ② 틀림

03 마 야 어 가 디 가 즈 나 – g b c a h c d e   ① 맞음   ② 틀림

Q 다음 왼쪽과 오른쪽 기호의 대응을 참고하여 각 문제의 대응이 같으면 '① 맞음'을, 틀리면 '② 틀림'을 선택하시오. 【04~06】

ㄱ = e	ㄴ = i	ㄷ = l	ㄹ = m	ㅁ = n
ㅂ = o	ㅅ = r	ㅇ = s	ㅈ = t	ㅊ = v

04 s i l v e r – ㅇ ㄴ ㄷ ㅊ ㄱ ㅅ   ① 맞음   ② 틀림

05 v e r s i o n – ㅊ ㄱ ㅅ ㄴ ㅇ ㅂ ㅁ   ① 맞음   ② 틀림

06 l i m i t – ㄷ ㄴ ㄹ ㄴ ㅈ   ① 맞음   ② 틀림

Q 다음 왼쪽과 오른쪽 기호의 대응을 참고하여 각 문제의 대응이 같으면 '① 맞음'을, 틀리면 '② 틀림'을 선택하시오. 【07~09】

| ㄱ=2 | ㄷ=3 | ㅁ=6 | ㅅ=5 | ㅈ=8 |
| ㄴ=7 | ㄹ=0 | ㅂ=4 | ㅇ=1 | ㅊ=9 |

07 1 2 3 4 5 6 - ㅇ ㄱ ㄷ ㅂ ㅁ ㅅ   ① 맞음   ② 틀림

08 8 5 0 1 0 3 - ㅈ ㅅ ㄹ ㅇ ㄹ ㄷ   ① 맞음   ② 틀림

09 1 4 8 9 2 6 - ㅇ ㅂ ㅈ ㅊ ㄱ ㅁ   ① 맞음   ② 틀림

Q 다음 왼쪽과 오른쪽 기호의 대응을 참고하여 각 문제의 대응이 같으면 '① 맞음'을, 틀리면 '② 틀림'을 선택하시오. 【10~12】

| a=ㄱ | b=ㄴ | c=ㄷ | d=ㄹ | e=ㅁ |
| f=ㅂ | g=ㅅ | h=ㅇ | i=ㅈ | j=ㅊ |

10 ㄱ ㅇ ㅂ ㄷ ㄹ - a e f c d   ① 맞음   ② 틀림

11 ㅈ ㅇ ㅁ ㅂ ㅅ ㅇ ㄴ ㄷ - i j e f g j b c   ① 맞음   ② 틀림

12 ㅇ ㅂ ㄴ ㄷ ㄱ ㄱ ㅅ - h f b c a a g   ① 맞음   ② 틀림

Ⓠ 다음 왼쪽과 오른쪽 기호의 대응을 참고하여 각 문제의 대응이 같으면 '① 맞음'을, 틀리면 '② 틀림'을 선택하시오. 【13~15】

0=유	1=사	2=진	3=선	4=갑
5=미	6=을	7=리	8=스	9=병

13 미 스 진 선 미 − 5 8 2 3 5 　　　　　① 맞음　　② 틀림

14 을 미 사 병 유 진 − 6 5 1 9 0 2 　　　① 맞음　　② 틀림

15 갑 리 유 선 미 − 4 7 0 3 5 　　　　　① 맞음　　② 틀림

Ⓠ 다음 각 문제의 왼쪽에 표시된 굵은 글씨체의 기호, 문자, 숫자의 개수를 모두 세어 오른쪽 개수에서 찾으시오. 【16~30】

16　**4**　　　5120964529131287045349732425050700423302
　　　　　　① 3개　　② 5개
　　　　　　③ 7개　　④ 9개

17　**스**　　새로운 연구를 통해 생명체의 운동에 관한 또 다른 인식
　　　　　　① 0개　　② 1개
　　　　　　③ 2개　　④ 3개

18　**ㄹ**　　여름철에는 음식물을 꼭 끓여 먹자
　　　　　　① 3개　　② 4개
　　　　　　③ 5개　　④ 6개

19　**o**　　a drop in the ocean high top hope little
　　　　　　① 1개　　② 2개
　　　　　　③ 3개　　④ 4개

| 20 | **2** | $2a-bplus-sqrtb^2-4ac*2fmrhqtown$ | ① 1개 | ② 2개 |
| | | | ③ 3개 | ④ 4개 |

| 21 | 🔔 | ⏰📖📚📑〰📠☎☏✉📧😊😌✈☼☾☪☾ | ① 1개 | ② 2개 |
| | | | ③ 3개 | ④ 4개 |

| 22 | **으** | 여러분모두합격을기원합니다열공하세요 | ① 4개 | ② 5개 |
| | | | ③ 6개 | ④ 7개 |

| 23 | **←** | ↘↕↔↓➝↓↑⟷↗↘↓↑→↓↔↑ | ① 1개 | ② 2개 |
| | | | ③ 3개 | ④ 4개 |

| 24 | **三** | 三二上下入中三一丨三上下中四二三三 | ① 4개 | ② 5개 |
| | | | ③ 6개 | ④ 7개 |

| 25 | **a** | thinkistrickonyouchintingsitmust | ① 0개 | ② 1개 |
| | | | ③ 2개 | ④ 3개 |

| 26 | **水** | 火斤气斗文攴文=气水爻爿木月彐弓弋爿夂 | ① 0개 | ② 1개 |
| | | | ③ 2개 | ④ 3개 |

| 27 | **5** | 85264793810231469875095173682403146725980 | ① 3개 | ② 4개 |
| | | | ③ 5개 | ④ 6개 |

| 28 | Ⓕ | 3.ⓊⓝⓙⓎⒸⒻⒾⒶⓄⓌⒻⓏ11⑾⑳ | ① 0개 | ② 1개 |
| | | | ③ 2개 | ④ 3개 |

| 29 | **맔** | 맔만립맔립맃맔릿린릂룻류만맔맼 | ① 1개 | ② 2개 |
| | | | ③ 3개 | ④ 4개 |

| 30 | **ㅁ** | 매스미디어의 선구자 마셜 맥루언은 매체가 메시지다라고 하였다 | ① 2개 | ② 4개 |
| | | | ③ 6개 | ④ 8개 |

Q 다음 왼쪽과 오른쪽 기호, 문자, 숫자의 대응을 참고하여 각 문제의 대응이 같으면 '① 맞음'을, 틀리면 '② 틀림'을 선택하시오. 【31~33】

예 = A	글 = O	도 = S	표 = G	해 = F
약 = D	높 = P	유 = Q	특 = W	활 = J

31 A P W G J – 예 높 특 표 활   ① 맞음   ② 틀림

32 D S D O Q – 약 도 약 글 유   ① 맞음   ② 틀림

33 F G J A S – 해 표 활 예 도   ① 맞음   ② 틀림

Q 다음 왼쪽과 오른쪽 기호, 문자, 숫자의 대응을 참고하여 각 문제의 대응이 같으면 '① 맞음'을, 틀리면 '② 틀림'을 선택하시오. 【34~36】

$x^2 = 2$	$k^2 = 3$	$l = 7$	$y = 8$	$z = 4$
$x = 6$	$z^2 = 0$	$y^2 = 1$	$l^2 = 9$	$k = 5$

34 2 0 9 5 4 – x^2 z^2 l^2 k z ① 맞음   ② 틀림

35 3 7 4 6 1 – k l z x y^2 ① 맞음   ② 틀림

36 8 1 5 2 0 – y y^2 k x z^2 ① 맞음   ② 틀림

Q 다음 왼쪽과 오른쪽 기호, 문자, 숫자의 대응을 참고하여 각 문제의 대응이 같으면 '① 맞음'을, 틀리면 '② 틀림'을 선택하시오. 【37~39】

Ⅷ = 강	Ⅲ = 윤	Ⅹ = 이	Ⅳ = 신	Ⅸ = 진
Ⅵ = 박	Ⅱ = 서	Ⅻ = 도	Ⅰ = 김	Ⅴ = 표

37 강 서 이 김 진 – Ⅷ Ⅱ Ⅸ Ⅰ Ⅸ   ① 맞음   ② 틀림

38 박 윤 도 신 표 – Ⅵ Ⅲ Ⅻ Ⅳ Ⅵ   ① 맞음   ② 틀림

39 신 이 서 강 윤 – Ⅳ Ⅹ Ⅱ Ⅲ Ⅷ   ① 맞음   ② 틀림

Q 다음 왼쪽과 오른쪽 기호, 문자, 숫자의 대응을 참고하여 각 문제의 대응이 같으면 '① 맞음'을, 틀리면 '② 틀림'을 선택하시오. 【40~42】

울 = a	둘 = 2	굴 = k	불 = 7	툴 = 1
술 = 5	물 = 3	줄 = j	룰 = p	쿨 = q

40 a 2 j p 1 – 울 둘 줄 쿨 툴   ① 맞음   ② 틀림

41 5 3 k q 7 – 술 굴 불 쿨 불   ① 맞음   ② 틀림

42 1 j k p 3 – 툴 줄 물 룰 굴   ① 맞음   ② 틀림

Q 다음 왼쪽과 오른쪽 기호, 문자, 숫자의 대응을 참고하여 각 문제의 대응이 같으면 '① 맞음'을, 틀리면 '② 틀림'을 선택하시오. 【43~45】

◐ = 행	♥ = 보	○ = 군	▽ = 통	◎ = 병
◈ = 정	♣ = 급	★ = 부	▶ = 신	△ = 참

43 행 보 병 참 급 - ◐ ♥ ◎ △ ◈   ① 맞음   ② 틀림

44 군 통 정 군 부 - ○ ▽ ◈ ○ ★   ① 맞음   ② 틀림

45 병 정 행 신 보 - ◎ ◈ ◐ ▶ ♥   ① 맞음   ② 틀림

Q 다음 왼쪽과 오른쪽 기호, 문자, 숫자의 대응을 참고하여 각 문제의 대응이 같으면 '① 맞음'을, 틀리면 '② 틀림'을 선택하시오. 【46~48】

아 = 一	에 = 六	오 = 八	가 = 十	기 = 七
우 = 三	이 = 五	요 = 二	게 = 四	구 = 九

46 一 四 二 七 九 - 아 게 요 이 구   ① 맞음   ② 틀림

47 五 八 十 三 六 - 이 오 가 우 에   ① 맞음   ② 틀림

48 七 二 六 八 一 - 기 요 게 오 아   ① 맞음   ② 틀림

Q 다음 왼쪽과 오른쪽 기호, 문자, 숫자의 대응을 참고하여 각 문제의 대응이 같으면 '① 맞음'을, 틀리면 '② 틀림'을 선택하시오. 【49~51】

× = a	± = O	≤ = W	∪ = f	‰ = N
÷ = C	≒ = h	+ = b	Σ = E	∠ = j

49 j O C h b - ∠ ± + ≒ +

① 맞음　② 틀림

50 N E W a j - ‰ Σ ≤ × ∠

① 맞음　② 틀림

51 f b h f N - ∪ + ≒ ∪ ‰

① 맞음　② 틀림

Q 다음에서 각 문제의 왼쪽에 표시된 굵은 글씨체의 기호, 문자, 숫자의 개수를 오른쪽에서 모두 세어 보시오. 【52~78】

52 <u>5</u>　4679138552764913276136489665 4785

① 1개　② 2개
③ 3개　④ 4개

53 높　단낮납반문서소목명비상서높소속말서소끝동

① 1개　② 2개
③ 3개　④ 4개

54 ᆸ　ㅍㅌㅣㅡㅓㅜㅣㅍ래ㅐㅡㅡㅁㅂㅑ ㅂㄹㄹㅂㅌ

① 1개　② 2개
③ 3개　④ 4개

55 ◈　◇◈■◆■◇◇◆■◆◇◈◇◆◇◆◇◇◈◇◆◇◈◇◆

① 1개　② 2개
③ 3개　④ 4개

56 ⊙ ⊛ ⊖ ⊘ ⊗ ⊖ ⊛ ⊖ ⊕ ⊖ ⊗ ⊖ ⊖ ⊕ ⊙ ⊘ ⊗ ⊗ ⊖ ⊕ ⊕ ⊕ ⊕ ⊕

① 2개 ② 3개
③ 4개 ④ 5개

57 ⊟ ◇ ▨ ⊟ ⊟ ⊟ ⊟ ⊡ Ⅰ ⊟ ⊟ ⊟ ◇ ⊟ ⊟ ⊡ ⊟ ◇ ⊟ ⊟ ◇ ⊟ ⊟ ⊡ ⊟

① 2개 ② 3개
③ 4개 ④ 5개

58 ₤ m N ℓ ℓ W d Pts W Rs W m d € T W Rs W m u

① 2개 ② 3개
③ 4개 ④ 5개

59 ☒ 양 오 양 특 양 양 오 양 특 양 오 요 양 오 특 양 오 양 특 양 요 양 오 양

① 2개 ② 3개
③ 4개 ④ 5개

60 艸 ₩ K 兆 ₩ 能 C ₩ 兆 K 2 C 3 C K 兆 잖 ₩ 兆 ₩ 兆 R C K 兆 ₩ 能 C 뀨

① 1개 ② 2개
③ 3개 ④ 4개

61 Ψ Ⅰ K Ⴈ Λ N G Φ Ψ Կ M N G G ၪ Γ B Λ N G Ⴈ Կ

① 1개 ② 2개
③ 3개 ④ 4개

62 ⑪ ◎ ▦ ◇ ▮ ◎ ▷ ◎ ▦ ▽ ⑪ ▭ ◯ ◎ ▮ ▽ ▭ ▮ ▤ ▮ Ⅰ ▤ ◯ ▮ ⑪ ☆

① 1개 ② 2개
③ 3개 ④ 4개

63 ◔ ◑ ⊖ ◔ ● ◯ ● ◯ ◯ ◯ ◑ ◯ ● ◑ ◑ ◐ ◑ ● ◑ ◔ ● ◔ ◯

① 1개 ② 2개
③ 3개 ④ 4개

64 ♂ ♋ ♌ ☒ ⊙ ◗ ✫ ☒ ♐ ⌂ ☎ ♂ ♂ ◉ ☀ ✦ ♐ ✫ ☒ ▱ ♂ ◻ ◉ ♐ ☆

① 1개 ② 2개
③ 3개 ④ 4개

65 ♄ ♅ Ψ ☐ ◌ ♌ ♍ ♅ ♄ ♈ Υ ୪ ♊ ◌ ♆ ◌ ♍ ♄ ♅ Ψ ◌ ♆ ◌ ♍

① 1개 ② 2개
③ 3개 ④ 4개

66 ⊡　⊡⊡⊡⊡⊡⊡⊡⊡⊡⊡⊡⊡⊡⊡⊡⊡⊡⊡⊡⊙⊡⊡⊡⊙⊡⊡⊡⊡⊡

① 1개　② 2개
③ 3개　④ 4개

67 丙　ㄲㄚㄨㄐ丙ㄍㄝㄚㄛ丙ㄨㄧㄍㄚㄨㄇㄍㄞ丙ㄞㄍㄠ

① 1개　② 2개
③ 3개　④ 4개

68 ⚐　✈☺☼♠♭⚚✢♦♦♦☺⚰✳✢♁✿♁☂♭⚐☾☉☺⚙☀⚚♭⚐♈

① 1개　② 2개
③ 3개　④ 4개

69 ≒　≤≢✕≇≏✗≉≔≛≑≒≒≶

① 1개　② 2개
③ 3개　④ 4개

70 ⍾　∪∬∈∄∑∀∩∯✦干✻⍾∈△

① 1개　② 2개
③ 3개　④ 4개

71 ^̲　%#@&!&@*%#^!@$^~+−₩

① 1개　② 2개
③ 3개　④ 4개

72 $\dfrac{3}{2}$　$\dfrac{4}{5}\dfrac{8}{2}\dfrac{4}{5}\dfrac{3}{4}\dfrac{6}{7}\dfrac{9}{5}\dfrac{7}{9}\dfrac{7}{3}\dfrac{2}{2}\dfrac{1}{7}\dfrac{1}{2}\dfrac{5}{6}$

① 0개　② 1개
③ 2개　④ 3개

73 ♪　𝄞♪♯♪𝅘𝅥𝅮𝅘𝅥𝅯♪♩♪𝅘𝅥𝅯♩♪♪𝄢𝅘𝅥𝅮

① 0개　② 1개
③ 2개　④ 3개

74 ㅌ　the뭉크韓中日rock셔틀bus피카소%3986as5$₩

① 1개　② 2개
③ 3개　④ 4개

75 s̲　dbrrnsgornsrhdrnsqntkrhks

① 1개　② 2개
③ 3개　④ 4개

76 $\underline{x^2}$ $x^3 x^2 z^7 x^3 z^6 z^5 x^4 x^2 x^9 z^2 z^1$

① 1개   ② 2개
③ 3개   ④ 4개

77 <u>ㄹ</u>   두 쪽으로 깨뜨려져도 소리하지 않는 바위가 되리라.

① 2개   ② 3개
③ 4개   ④ 5개

78 <u>a</u>   Listen to the song here in my heart

① 1개   ② 2개
③ 3개   ④ 4개

Q 다음의 왼쪽과 오른쪽 기호의 대응을 참고하여 각 문제의 대응이 같으면 답안지에 '① 맞음'을, 틀리면 '② 틀림'을 선택하시오. 【79~80】

| 1 = W | 2 = E | 3 = P | 4 = C |
| 5 = O | 6 = S | 7 = Q | 8 = G |

79 PCWEPGQSPO – 3412347635

① 맞음   ② 틀림

80 GOPSWECOPS – 8536142536

① 맞음   ② 틀림

ⓠ 제시된 기호, 문자, 숫자의 대응을 참고하여 각 문제의 대응이 같으면 '① 맞음'을, 틀리면 '② 틀림'을 선택하시오. 【81~85】

F7 = V	F10 = M	F3 = Y	F1 = C	F9 = K	F12 = A
F2 = E	F6 = J	F4 = H	F8 = Q	F5 = R	F11 = Z

81 Z Y V R Q – F11 F3 F7 F5 F1 ① 맞음 ② 틀림

82 A C E H K – F12 F1 F2 F9 F4 ① 맞음 ② 틀림

83 M J Z C Q – F10 F4 F11 F1 F8 ① 맞음 ② 틀림

84 V Y K A E – F7 F3 F9 F12 F2 ① 맞음 ② 틀림

85 R H E C Y – F5 F4 F2 F1 F3 ① 맞음 ② 틀림

❓ 제시된 기호, 문자, 숫자의 대응을 참고하여 각 문제의 대응이 같으면 '① 맞음'을, 틀리면 '② 틀림'을 선택하시오. 【86~90】

⋔ = (타)	Þ = (나)	⋇ = (사)	ⲣ = (차)	⋈ = (다)	⋆ = (바)
⋊ = (라)	⋇ = (아)	↳ = (마)	↕ = (가)	✚ = (자)	ℬ = (카)

86   (타) (카) (차) (자) (아) — ⋔ ℬ ⲣ ✚ ⋇   ① 맞음   ② 틀림

87   (사) (바) (마) (라) (다) — ⋇ ⋆ ↳ ⋊ ⋈   ① 맞음   ② 틀림

88   (나) (가) (라) (바) (아) — Þ ↕ ⋊ ⋆ ⋇   ① 맞음   ② 틀림

89   (카) (나) (차) (다) (바) — ℬ Þ ⲣ ⋈ ⋆   ① 맞음   ② 틀림

90   (사) (마) (다) (자) (차) — ⋇ ↳ ⋈ ⲣ ✚   ① 맞음   ② 틀림

상황판단평가 및
직무성격평가

상황판단평가

※ 상황판단평가는 인성/적성검사에서 측정하기 힘든 직무관련 상황을 제시하고 각 상황에 대해 어떻게 반응할 것인지 묻는 상황검사를 의미한다.

Q 다음 상황을 읽고 제시된 질문에 답하시오. 【01~25】

01

> 당신은 고병원성 조류인플루엔자(AI)로 부족한 일손을 돕기 위해 파견되었다. 방역초소를 운영하며 도로 방역과 축산 농가 차량에 대해 고압 세척 소독을 실시하고 있다. 주민들에게 긍정적인 군 이미지를 심어주기 위해 방역 취약 농사 대청소도 진행 중이다. 일부 주민들의 경우 방역과는 무관한 사적인 농장 일을 부탁하곤 하여 방역 임무에 차질이 발생하진 않을까 걱정이다.
>
> 이 상황에서 당신이 ⓐ 가장 할 것 같은 행동은 무엇입니까?
>
>   ⓑ 가장 하지 않을 것 같은 행동은 무엇입니까?

ⓐ **가장 할 것 같은 행동**   (   )

ⓑ **가장 하지 않을 것 같은 행동**   (   )

선 택 지

① 주민에게 방역 임무에 차질이 생김을 밝히고, 양해를 구한다.

② 마을이장 혹은 군청에 주민들이 사적인 농장 일을 요구하지 않도록 관리해 달라고 한다.

③ 언론사에 마을주민들의 사적인 농장일 요구 사례를 제공한다.

④ 부대에 방역지원 장병 추가인력을 요청하여 주민들의 농장일손도 돕도록 한다.

⑤ 민원을 제기하거나 부정적 여론이 확산될 수 있으므로 농장 일을 돕는다.

⑥ 부대에 사적인 농장 일 요구를 이야기하여 그 대책을 강구해달라고 요청한다.

⑦ 방역 임무를 하지 않는다.

04

당신은 인사장교이다. 부대 송년회를 준비 중이다. 대대장은 부대 간부들이 정복을 입고 송년회에 참석토록 지시하였다. 정복 착용 시 상의 왼쪽 주머니 위에 약장을 패용한다. 얼마 전 잘못된 약장 패용이 언론에 보도되어 올바른 착장이 강조되고 있다. 부대 간부들은 약장이 없어 규정을 준수하기 어렵다고 한다. 부대 인근 군장점에서도 판매를 하지 않아 구하기 어렵다.

이 상황에서 당신이 ⓐ 가장 할 것 같은 행동은 무엇입니까?
　　　　　　　　　 ⓑ 가장 하지 않을 것 같은 행동은 무엇입니까?

ⓐ 가장 할 것 같은 행동　　　　　　　　　　　　　　　　　　　　(　　　　)
ⓑ 가장 하지 않을 것 같은 행동　　　　　　　　　　　　　　　　　(　　　　)

선 택 지

① 간부별 부족한 약장을 확인하고, 서울에서 일괄 구매토록 한다.

② 대대장에게 송년회 복장 변경을 건의한다.

③ 대대장에게 약장을 구해줄 것을 건의한다.

④ 인근부대 간부들에게 정복 약장을 협조 받는다.

⑤ 인근부대 송년회 계획을 확인하여 비슷하게 계획을 변경한다.

⑥ 약장을 알아보기 힘든 만큼 별다른 조치를 취하지 않는다.

⑦ 약장이 없는 간부들만 약장을 패용치 않도록 한다.

05

> 당신은 초임 부사관이다. 오랜 기간 교제한 여자 친구와 결혼을 앞두고 있다. 군에서 기혼간부들에겐 군인아파트와 같은 군 관사를 지원해준다. 당신은 군 관사를 담당하는 상급부대 담당자에게 문의하였으나 당장은 입주할 수 있는 관사가 없다며 기다리라는 이야기를 들었다. 부대 근처에는 민가도 적어 전세를 얻기도 힘든 상황이다.
>
> 이 상황에서 당신이 ⓐ 가장 할 것 같은 행동은 무엇입니까?
> ⓑ 가장 하지 않을 것 같은 행동은 무엇입니까?

ⓐ 가장 할 것 같은 행동 ( )
ⓑ 가장 하지 않을 것 같은 행동 ( )

선 택 지

① 기혼간부에겐 군 관사 지원이 당연함을 밝히고, 지휘관에게 어필한다.

② 주임원사에게 도움을 요청한다.

③ 여자 친구에게 부대 사정을 이야기하고 결혼을 미룬다.

④ 군 관사 신청을 위해 혼인신고를 먼저 한다.

⑤ 부대차원의 해결이 힘들어 보이므로 육군본부에 민원을 제기한다.

⑥ 군 관사 담당자에게 군 관사 지원의 당연함을 밝히고 1주일 내에 입주할 관사를 마련하라고 한다.

⑦ 청와대의 국민청원에 현재의 사정을 올리도록 한다.

06

당신은 소대장이다. 주말 간 지자체단체장과 정치인들이 부대를 방문한다고 한다. 상급부대에서는 외부인이 온다고 부당한 청소나 환경정비 등 일체의 준비를 병사들에게 강요하지 말라고 한다. 중대장은 부대관리를 집중적으로 하지 않을 경우 상대적으로 낙후된 환경으로 부정적 인식을 심어주진 않을지 걱정한다. 행정보급관은 몰래 준비를 하자고 건의하였다.

이 상황에서 당신이 ⓐ 가장 할 것 같은 행동은 무엇입니까?
　　　　　　　　　　ⓑ 가장 하지 않을 것 같은 행동은 무엇입니까?

ⓐ 가장 할 것 같은 행동　　　　　　　　　　　　　　　　　　　　　(　　　)
ⓑ 가장 하지 않을 것 같은 행동　　　　　　　　　　　　　　　　　　(　　　)

선 택 지

① 상급부대 지시를 따르고, 그에 따른 문제 발생 시 상급부대에서 해결하도록 의견을 제시한다.

② 대군 이미지와 부대 평판 관리를 위해 최소한의 준비를 한다.

③ 병사들은 예정된 일과를 진행하고, 간부들끼리 부대방문 준비를 한다.

④ 중대장이 부담을 느끼지 않도록 행정보급관과 의논하여 부대방문 준비를 한다.

⑤ 상급부대에 어느 선까지 준비를 하면 될지 문의한다.

⑥ 병사들에게 환경정비 등 부대방문 준비를 지시한다.

⑦ 중대장 몰래 병사들에게 부대방문 준비를 지시한다.

07

당신은 교육지원담당관이다. 다음 주 소총사격을 앞두고 축소(영점)사격장 표지판을 교체하라는 지시를 받았다. 보급되는 표지판은 한정적이라 통상 부대에서 표지판을 제작하여 비치하고 있다. 당신은 표지판을 만들어본 경험이 전무하다. 작전과 계원들은 각자 맡은 업무가 많아 가용하기 어렵다. 전임 교육지원담당관은 A중대 행정보급관을 하고 있다.

이 상황에서 당신이 ⓐ 가장 할 것 같은 행동은 무엇입니까?
ⓑ 가장 하지 않을 것 같은 행동은 무엇입니까?

ⓐ 가장 할 것 같은 행동   (   )
ⓑ 가장 하지 않을 것 같은 행동   (   )

선 택 지

① 전임 교육지원담당관인 A중대 행정보급관에게 도움을 부탁한다.

② A중대장에게 사정을 이야기하고 행정보급관의 협조를 요청한다.

③ 작전과장에게 표지판 제작 경험이 없음을 밝히고 전임자의 지원을 요청한다.

④ 타 부대에서 표지판을 빌려온다.

⑤ 단시간 표지판 제작이 어려움을 밝히고 추후 교체를 건의한다.

⑥ 타 부대에서 표지판을 훔쳐온다.

⑦ 작전과장에게 표지판 제작 장병 추가인력을 요청한다.

08

당신은 정보장교이다. 2주 후 상급부대 보안감사가 예정되어 있다. 부대 간부라면 차량용 블랙박스를 등록하여야 부대에 반입할 수 있다. 하지만 일부 간부들의 경우 블랙박스를 교체한 다음 귀찮다는 이유로 등록을 차일피일 미루고 있다. 각종 회의석상에서 협조를 부탁하였으나 달라지는 것이 없다. 대대장은 당신에게 보안감사를 철저히 준비하라고 지시하였다.

이 상황에서 당신이 ⓐ 가장 할 것 같은 행동은 무엇입니까?
　　　　　　　　　ⓑ 가장 하지 않을 것 같은 행동은 무엇입니까?

ⓐ 가장 할 것 같은 행동　　　　　　　　　　　　　　　　　　　（　　　　）
ⓑ 가장 하지 않을 것 같은 행동　　　　　　　　　　　　　　　　（　　　　）

선 택 지

① 대대장에게 부대 간부들의 비협조적인 태도를 보고한다.

② 블랙박스 미등록 차량은 부대출입을 불허한다.

③ 회의간 블랙박스를 미등록 한 간부들을 호명한다.

④ 미등록 블랙박스 차량에 안내문을 부착하고, 미등록 시 보안 경고장을 준다.

⑤ 보안감사 준비로 바쁜 만큼 급한 업무부터 처리한다.

⑥ 미등록 블랙박스 차량에 보안 경고장을 붙인다.

⑦ 블랙박스 미등록 간부들을 일일이 찾아가 직접 등록을 하도록 한다.

09

당신은 전포대장이다. 일기예보를 보니 집중호우가 예상된다. 비가 많이 오면 포상이 물에 잠기는 경우가 많다고 한다. 당신은 처음 맞이하는 여름이다. 포상이 물에 잠기면 포탄과 사격기재가 물에 젖어 사용이 불가하다. 현재시간 오후 5시로 일과시간이 끝났다. 병사들은 개인정비시간에 배수로 정비 등의 지시가 떨어질까 불안해하는 눈치이다.

이 상황에서 당신이 ⓐ 가장 할 것 같은 행동은 무엇입니까?
　　　　　　　　　　　ⓑ 가장 하지 않을 것 같은 행동은 무엇입니까?

ⓐ 가장 할 것 같은 행동　　　　　　　　　　　　　　　　　　　　　　(　　　)
ⓑ 가장 하지 않을 것 같은 행동　　　　　　　　　　　　　　　　　　　(　　　)

선　택　지

① 경험이 많은 사격지휘통제관에게 집중호우 전 어떤 부분을 준비할지 묻는다.

② 병사들에게 집중호우가 발생할 경우 미리 준비하지 않으면 더 큰 어려움이 발생함을 이야기한다.

③ 포대장에게 일기예보 정보를 보고하고 지침을 기다린다.

④ 배수로 정비가 미흡한 부분이 없는 포상을 돌아보고 추가 작업여부를 판단한다.

⑤ 당장 지시가 떨어지지 않은 만큼 모른 척 한다.

⑥ 병사들에게 배수로 정비를 지시한다.

⑦ 포대장에게 집중호우 전 어떤 부분을 준비할지 묻는다.

10

당신은 소대장이다. 중대장 지시로 왕복 3시간 정도 소요되는 사단사령부에 다녀와야 한다. 배차를 냈지만 차량 고장으로 운행이 어렵다. 부대에서 사단까지도 대중교통이 제한적이다. 중대장에게 보고하여 보았으나 반드시 오늘 사단사령부를 다녀와야 한다고 한다. 선배들에게 물으니 별로 중요한 것도 아닌데 중대장이 서두르는 것 같다고 이야기한다.

이 상황에서 당신이 ⓐ 가장 할 것 같은 행동은 무엇입니까?
　　　　　　　　　　 ⓑ 가장 하지 않을 것 같은 행동은 무엇입니까?

ⓐ 가장 할 것 같은 행동　　　　　　　　　　　　　　　　　　(　　　)
ⓑ 가장 하지 않을 것 같은 행동　　　　　　　　　　　　　　(　　　)

선 택 지
① 교통편을 수소문하여 보고, 중대장에게 다른 날 다녀와도 되는지 다시금 문의한다.
② 사단에 들어가는 다른 차량을 알아본다.
③ 선배들에게 사안을 자세히 확인하고 중대장이 무리한 요구를 하는 것은 아닌지 체크한다.
④ 부대 차량을 이용할 수 있을 때 다녀온다.
⑤ 다른 간부들의 자가 차량을 협조하여 다녀온다.
⑥ 콜택시를 불러 다녀온다.
⑦ 중대장의 자가 차량을 협조하여 다녀온다.

11

> 당신은 중위로 전역 후 재입대한 부사관이다. 장교로 근무 당시 보병 병과였으나, 부사관인 지금은 헌병 병과로 근무 중이다. 구타 및 가혹행위 신고가 접수되어 출동하여 보니 장교시절 근무하던 부대이다. 친분이 있는 일부 간부들은 당신에게 적정한 선에서 수사 종결을 요구하고 있다. 피해 장병은 구타 및 가혹행위가 뿌리 깊은 관행이라며 철저한 수사를 촉구하고 있다.
>
> 이 상황에서 당신이 ⓐ 가장 할 것 같은 행동은 무엇입니까?
>   ⓑ 가장 하지 않을 것 같은 행동은 무엇입니까?

ⓐ 가장 할 것 같은 행동   (   )
ⓑ 가장 하지 않을 것 같은 행동   (   )

선 택 지

① 병사가 만족할 만한 수준에서 사건을 종결 처리한다.

② 간부들과 지속적인 관계 유지가 필요한 만큼 최소한의 조치만을 취한다.

③ 공식적인 자리에서 업무를 많이 달라며 일에 대한 의욕을 보인다.

④ 동기들에게 호칭을 형이라 부르지 말도록 하고, 선임 부사관들의 사적인 일을 돕는다.

⑤ 매사 적극적으로 업무하고, 선임들을 깍듯이 대한다.

⑥ 공과 사를 엄격히 구분하여 철저한 수사를 한다.

⑦ 선임들의 요구에 맞추어 적정선에서 수사를 종결한다.

12

> 당신은 포탄사격장 진입로에서 출입통제 중인 관측장교이다. 포탄 사격 중이다. 마을주민으로 추정되는 주민 A씨 등 3명이 포탄사격으로 인한 소음으로 가축들이 병들고 자신들도 못살겠다며 사격장으로 진입을 시도 중이다. 포탄 사격 전 마을 이장에게 설명하고 의견을 반영한 것으로 알고 있다. 진입로에서 출입통제중인 장병들로도 더 이상 제지가 어렵다.
>
> 이 상황에서 당신이 ⓐ 가장 할 것 같은 행동은 무엇입니까?
> ⓑ 가장 하지 않을 것 같은 행동은 무엇입니까?

ⓐ 가장 할 것 같은 행동 ( )
ⓑ 가장 하지 않을 것 같은 행동 ( )

선 택 지

① 마을이장에게 이야기 하라고 하며 돌려보낸다.

② 마을이장과 합의된 것이라며 돌려보낸다.

③ 주민들을 경찰에 신고한다.

④ 작전과장에게 현 상황을 보고하고 지침을 기다린다.

⑤ 포탄사격 간 안전문제가 유발될 수 있는 만큼 강력하게 주민들을 제압한다.

⑥ 사격장으로 진입 시도를 하지 않는 이상 모른 척 한다.

⑦ 사격장으로 진입 시도를 계속할 경우 발포 할 수 있다고 엄포를 놓는다.

13

당신은 정보과장이다. 훈련지형 지도가 몇 장 누락되었음을 확인하였다. 군사지도는 구글 지도보다 정확성이 떨어져서 준비만 할뿐 실제 활용은 안하는 분위기이다. 지도 수령은 상급부대에서나 가능한데 시간과 절차가 훈련 전까지 빠듯하다. 당장 연대장 훈련 전 사열이 계획되어 있다. 정보병은 통상 인터넷에서 지도를 출력해 사용해 왔다며 걱정하지 말라고 한다.

이 상황에서 당신이 ⓐ 가장 할 것 같은 행동은 무엇입니까?
ⓑ 가장 하지 않을 것 같은 행동은 무엇입니까?

ⓐ 가장 할 것 같은 행동 ( )
ⓑ 가장 하지 않을 것 같은 행동 ( )

선 택 지

① 공식적인 절차를 밟아 지도를 수령하도록 한다.

② 지도수령을 준비하되 연대장 훈련 전 사열에는 인터넷에서 출력한 지도를 사용한다.

③ 인접 부대에서 지도를 빌려온다.

④ 구글 지도가 보다 정확함을 밝히고 연대장을 설득한다.

⑤ 규정과 방침을 확인하고 미흡한 부분을 시간이 필요함을 보고한다.

⑥ 구글 지도를 사용하도록 한다.

⑦ 연대장 사열이 계획되어 있으므로 인접 부대에서 지도를 훔쳐오도록 지시한다.

14

당신은 전술훈련 중인 소대장이다. 화생방 상황이다. 방독면을 착용하려고 하니 정화통이 보이지 않는다. 외관상 차이가 크고, 정화통이 없다면 비전술적 행위로 간주된다. 통제관들은 간부들을 중점적으로 확인하기에 걱정이다. 무전으로 통제관들이 우리 중대 쪽으로 이동 중이니 각별히 주의하여 훈련에 임하라는 중대장의 지시가 있었다.

이 상황에서 당신이 ⓐ 가장 할 것 같은 행동은 무엇입니까?
　　　　　　　　　 ⓑ 가장 하지 않을 것 같은 행동은 무엇입니까?

ⓐ **가장 할 것 같은 행동**　　　　　　　　　　　　　　　　　(　　　　)
ⓑ **가장 하지 않을 것 같은 행동**　　　　　　　　　　　　　　(　　　　)

선 택 지

① 병사들의 정화통을 빌려 착용한다.

② 통제관이 접근하기 어려운 야산으로 이동한다.

③ 차량에 탑승하는 간부의 정화통을 빌려 착용한다.

④ 정화통 없이 떳떳하게 훈련에 임한다.

⑤ 정화통을 대체할 수 있는 수단과 방법은 없는지 경험 많은 간부에게 묻는다.

⑥ 모든 병사들과 일괄적으로 정화통 없이 훈련한다.

⑦ 통제관에게 사실을 말하고 지침을 기다린다.

15

> 당신은 소대장이다. 그런데 당신의 부하가 변심한 여자친구 때문에 괴로워하고 있다.
>
> 이 상황에서 당신이 ⓐ 가장 할 것 같은 행동은 무엇입니까?
>
> ⓑ 가장 하지 않을 것 같은 행동은 무엇입니까?

ⓐ 가장 할 것 같은 행동 ( )

ⓑ 가장 하지 않을 것 같은 행동 ( )

선 택 지

① 모르는 척 한다.

② 군기가 빠졌다고 하면서 얼차려 등을 실시한다.

③ PX에 가서 술을 사주면서 이야기를 들어준다.

④ 힘든 훈련에서 열외시켜 준다.

⑤ 중대장에게 가서 조언을 구한다.

⑥ 휴가나 외박 등 특혜를 준다.

⑦ 부하의 여자 친구에게 연락하여 현재 부하의 힘든 상황을 이야기 해 준다.

16

당신은 소대장이다. 그런데 우연히 당신의 부하들이 당신에 대한 험담을 하는 것을 듣게 되었다.

이 상황에서 당신이 ⓐ 가장 할 것 같은 행동은 무엇입니까?
　　　　　　　　　 ⓑ 가장 하지 않을 것 같은 행동은 무엇입니까?

ⓐ **가장 할 것 같은 행동**　　　　　　　　　　　　　　　　　　(　　　)
ⓑ **가장 하지 않을 것 같은 행동**　　　　　　　　　　　　　　　(　　　)

선 택 지

① 모르는 척 한다.

② 험담하는 부하들에게 얼차려를 시킨다.

③ 험담하는 부하들에게 힘든 훈련을 지속적으로 시킨다.

④ 부하들이 험담하는 내용을 경청하여 반성한다.

⑤ 험담하는 부하들에게 주의를 기울여 내 편으로 만든다.

⑥ 다른 소대 소대장들에게 조언을 구한다.

⑦ 험담하는 부하들의 동료들에게 자신이 들은 내용을 우회적으로 알리면서 본인이 알고 있음을 알린다.

17

당신은 소대장이다. 최근 들어 소대원들 및 부사관들이 현재 생활에 대하여 고충이 상당히 많은 것같이 보인다. 그런데 다른 소대장들은 자기 부하들의 고충을 아주 잘 해결해 주고 있다고 들었다. 소대 부사관 중 한 명이 고충이 너무 심하여 소원수리를 몇 번이나 했다고 한다.

이 상황에서 당신이 ⓐ 가장 할 것 같은 행동은 무엇입니까?
ⓑ 가장 하지 않을 것 같은 행동은 무엇입니까?

ⓐ 가장 할 것 같은 행동 　　　　　　　　　　　　　　　　　　　　　(　　　)
ⓑ 가장 하지 않을 것 같은 행동 　　　　　　　　　　　　　　　　　　(　　　)

선 택 지

① 부사관들의 고충에 대해 그다지 고려하지 않는다.

② 부사관들의 고충에 주의를 기울이고 완화시키기 위한 필수적인 조정을 실시하도록 한다.

③ 지속적인 얼차려의 실시로 대부분의 고충을 없앨 수 있는지를 판단하여, 얼차려를 실시한다.

④ 가장 빈번한 고충이 무엇인지를 판단하여 그 고충의 발생원인을 예방하는 대책을 강구하도록 한다.

⑤ 중대장에게 보고하여 조언을 구한다.

⑥ 대대장에게 보고하여 조언을 구한다.

⑦ 다른 소대의 소대장들에게 조언을 구하고 그들과 똑같이 행동한다.

18

> 당신은 소대장이다. 모처럼 포상휴가를 얻어 지리산에 등반을 가게 되었다. 찌는 듯한 여름이었기 때문에 많이 지치고 힘든 등반이었다. 그런데 산 중턱쯤 다다랐을 때 더위에 지친 한 노인이 쓰러져 있는 것을 발견하게 되었다. 주변에는 당신 외엔 아무도 없으며, 휴대폰은 통화불능지역이다.
>
> 이 상황에서 당신이 ⓐ 가장 할 것 같은 행동은 무엇입니까?
> ⓑ 가장 하지 않을 것 같은 행동은 무엇입니까?

ⓐ 가장 할 것 같은 행동 ( )
ⓑ 가장 하지 않을 것 같은 행동 ( )

선 택 지

① 모르는 척 하고 지나간다.

② 다른 사람들이 올 때까지 기다리면서 관찰한다.

③ 노인을 신속히 시원한 그늘로 옮기고 찬물을 마시게 한 후 마사지를 하면서 응급조치를 실시한다.

④ 산을 내려와 다른 사람들에게 도움을 요청한다.

⑤ 노인의 의식상태를 확인한 후 인공호흡을 실시한다.

⑥ 휴대폰이 터지는 지역을 찾아 119에 신고한다.

⑦ 노인의 가방을 조사하여 노인의 신원을 확인한다.

19

당신은 부사관이다. 후임병과 함께 야간보초를 서고 있는데 초소 근처에 수상한 그림자가 나타났다. 아직 교대시간은 멀었으며, 대대장이나 중대장도 아닌 것 같았다. 수상한 그림자가 점점 다가왔고 당신의 소대원이 그를 불러세워 수하 및 관등성명을 요구하였으나 이에 불응하고 갑자기 도주를 하기 시작하였다.

이 상황에서 당신이 ⓐ 가장 할 것 같은 행동은 무엇입니까?
　　　　　　　　　　　　ⓑ 가장 하지 않을 것 같은 행동은 무엇입니까?

ⓐ 가장 할 것 같은 행동　　　　　　　　　　　　　　　　　　　　　(　　　　)
ⓑ 가장 하지 않을 것 같은 행동　　　　　　　　　　　　　　　　　(　　　　)

선　택　지

① 후임병한테 쫓아가서 잡아오라고 한다.

② 꼭 잡으리라 생각하며 재빨리 쫓아간다.

③ 아직 근무시간이므로 초소를 떠나지 말라고 명령한다.

④ 즉각적으로 중대장에게 보고를 한다.

⑤ 공포탄을 발사한다.

⑥ 일계급 특진을 위해 후임병에게 초소를 맡긴 후 필사적으로 수상한 사람을 잡는다.

⑦ 초소장에게 보고를 한 후 명령을 기다린다.

20

당신은 임관한지 얼마 안 된 소대장이다. 장마가 시작되어 배수로를 정비하라는 대대장의 지시를 듣고 1분대 인원들에게 막사 앞 배수로 정비를 지시하였지만 하사가 이를 무시하고 바쁘니깐 다른 분대에 지사하라고 명령을 거부하였다.

이 상황에서 당신이 ⓐ 가장 할 것 같은 행동은 무엇입니까?
　　　　　　　　　　　　ⓑ 가장 하지 않을 것 같은 행동은 무엇입니까?

ⓐ **가장 할 것 같은 행동**　　　　　　　　　　　　　　　　　　　(　　　)
ⓑ **가장 하지 않을 것 같은 행동**　　　　　　　　　　　　　　　　(　　　)

선 택 지

① 하극상임을 숙지시키고 분대원들 전체 얼차려를 실시한다.

② 대대장에게 이 사실을 있는 그대로 보고한다.

③ 하사를 조용히 막사 뒤로 불러 약간의 구타를 한다.

④ 분대원들이 보는 앞에서 하사에게만 얼차려를 실시한다.

⑤ 다른 분대에 정비를 지시한다.

⑥ 대대장에게 가서 하사의 전출을 요구한다.

⑦ 하사와 명령에 불만이 있는 사람은 모두 앞으로 나오라 하고 열외시킨다.

21

> 당신은 중대장이다. 최근 불법도박 사이트가 유행하여 부대안전진단 간 불법도박을 한 인원을 확인하였더니 소대장 1명이 연루되어 있는 상태이고, 제3금융권 빚이 약 3,000만 원이며 한 달에 이자만 150만 원씩 나가는 것을 확인하였다.
>
> 이 상황에서 당신이 ⓐ 가장 할 것 같은 행동은 무엇입니까?
>
> 　　　　　　　ⓑ 가장 하지 않을 것 같은 행동은 무엇입니까?

ⓐ **가장 할 것 같은 행동**　　　　　　　　　　　　　　　　　　　(　　)

ⓑ **가장 하지 않을 것 같은 행동**　　　　　　　　　　　　　(　　)

선 택 지

① 간부들끼리 조금씩 돈을 모아 도와주자고 건의한다.

② 나의 월급을 조금씩 모아 몰래 소대장에게 전해준다.

③ 대대장에게 보고하여 군 절차에 맞게 집행하자고 한다.

④ 대대장에게 소대장의 전출을 요구한다.

⑤ 소대원들에게 사랑의 열매 모금이라고 하여 돈을 모은 뒤 소대장에게 전해준다.

⑥ 소대장에게 정확하게 더 연루된 사람이 없는지 확인한다.

⑦ 소대장 부모에게 연락을 취한다.

22

당신은 소대장이다. 전입을 축하한다며 중대장이 회식 자리를 마련하였고 인접 소대장까지 모두 모여 축하를 해 주었다. 즐거운 회식이 끝난 후 간부들이 모두 식당을 나가 있는데 음식 값 계산이 안 되어 있다.

이 상황에서 당신이 ⓐ 가장 할 것 같은 행동은 무엇입니까?
ⓑ 가장 하지 않을 것 같은 행동은 무엇입니까?

ⓐ **가장 할 것 같은 행동** ( )
ⓑ **가장 하지 않을 것 같은 행동** ( )

선 택 지

① 중대장에게 식대 계산이 안 되었다고 이야기한다.

② 다른 소대장에게 가서 식대 계산이 안 되었다고 이야기한다.

③ 중대장에게 식대 계산은 제가 하여야 하냐고 직접 묻는다.

④ 다른 소대장에게 식대 계산은 내가 하여야 하냐고 묻는다.

⑤ 그냥 내가 계산을 한다.

⑥ 중대장 이름으로 외상을 한다.

⑦ 식대 계산은 더치페이라고 모두 듣도록 소리친다.

23

> 당신은 하사 분대장이다. 분대원 중 이전부터 서로 친하지 않았던 두 명이 말싸움을 하다가 치고 박
> 고 싸우는 모습을 목격하였고 한 명이 얼굴에 상처가 많이 나서 숨길 수 없는 상황이 되었다.
>
> 이 상황에서 당신이 ⓐ 가장 할 것 같은 행동은 무엇입니까?
> ⓑ 가장 하지 않을 것 같은 행동은 무엇입니까?

ⓐ 가장 할 것 같은 행동 　　　　　　　　　　　　　　　　(　　)
ⓑ 가장 하지 않을 것 같은 행동 　　　　　　　　　　　　　(　　)

선 택 지

① 싸움을 한 두 분대원에게 얼차려를 실시한다.

② 싸움을 한 두 명의 분대원을 모두 영창을 보내 버린다.

③ 상처가 많이 난 분대원을 의무실에 데리고 간다.

④ 분대원 전부를 모두 모아 얼차려를 실시한다.

⑤ 모든 분대원을 모아 놓고 그 앞에서 다시 싸워보라고 한다.

⑥ 내가 심판을 볼 테니 정정당당하게 싸우라고 명령한다.

⑦ 모르는 척 한다.

24

> 당신은 중대장이다. 어느 날 화장실에 있는 마음의 편지함을 열어보았더니 "이젠 마음 편히 죽고 싶다."는 글이 적힌 종이를 보았다.
>
> 이 상황에서 당신이 ⓐ 가장 할 것 같은 행동은 무엇입니까?
> ⓑ 가장 하지 않을 것 같은 행동은 무엇입니까?

ⓐ **가장 할 것 같은 행동** ( )
ⓑ **가장 하지 않을 것 같은 행동** ( )

선 택 지

① 소대장들을 집합시켜 누군지 찾아오라고 한다.

② 중대 모든 인원의 인적사항을 조사해 본다.

③ 소대장에게 최근 사고를 친 사병이 있는지 조사해 오라고 한다.

④ 소대장에게 최근 구타가 있었는지 조사해 오라고 한다.

⑤ 사병들과 일일이 면담의 시간을 갖는다.

⑥ 사격훈련시 탄피 수거에 좀 더 박차를 가한다.

⑦ 당직사관들에게 일일이 좀 더 엄중히 사병들을 관리하라고 지시한다.

25

> 당신은 소대장이다. 점심시간 간부들끼리 족구를 하였는데 본인으로 인하여 패배하였다. 퇴근 후 휴식을 취하면서 자기계발도 같이 하려 하였으나 인접 선임소대장이 족구를 못하니 퇴근하지 말고 남아서 족구 연습을 하라고 지시하였으며 본인은 퇴근하였다.
>
> 이 상황에서 당신이 ⓐ 가장 할 것 같은 행동은 무엇입니까?
> ⓑ 가장 하지 않을 것 같은 행동은 무엇입니까?

ⓐ 가장 할 것 같은 행동   (   )
ⓑ 가장 하지 않을 것 같은 행동   (   )

선 택 지

① 선임소대장 책상에 물을 엎어 버린다.

② 선임소대장 말처럼 족구 연습을 한다.

③ 선임소대장에게 같이 족구 연습하자고 한다.

④ 소대원들을 모두 집합시켜 족구를 시킨다.

⑤ 본인이 잘하는 다른 운동을 찾아서 내기를 할 것을 제안한다.

⑥ 선임소대장 책상 위에 아주 더러워진 족구공을 올려놓는다.

⑦ 선임소대장의 말을 무시하고 본인의 자기계발에만 전념한다.

CHAPTER 02 직무성격평가

Q 다음 상황을 읽고 제시된 질문에 답하시오. 【001~180】

① 전혀 그렇지 않다	② 그렇지 않다	③ 보통이다	④ 그렇다	⑤ 매우 그렇다

001. 인생은 살 가치가 없다고 생각된 적이 있다. ① ② ③ ④ ⑤

002. 주변 환경을 받아들이고 쉽게 적응하는 편이다. ① ② ③ ④ ⑤

003. 남이 무엇을 하려고 하든 자신에게는 관계없다고 생각한다. ① ② ③ ④ ⑤

004. 주변이 어리석게 생각되는 때가 자주 있다. ① ② ③ ④ ⑤

005. 어렸을 적에 혼자 노는 일이 많았다. ① ② ③ ④ ⑤

006. 세세한 일에 신경을 쓰는 편이다. ① ② ③ ④ ⑤

007. 보통사람들보다 쉽게 상처받는 편이다. ① ② ③ ④ ⑤

008. 사물에 대해 곰곰이 생각하는 편이다. ① ② ③ ④ ⑤

009. 꼼꼼하고 빈틈이 없다는 말을 자주 듣는다. ① ② ③ ④ ⑤

010. 신경질적이라고 생각한다. ① ② ③ ④ ⑤

011. 주변사람에게 정떨어지게 행동하기도 한다. ① ② ③ ④ ⑤

012. 금방 감격하는 편이다. ① ② ③ ④ ⑤

013. 문제가 발생했을 경우 자신이 나쁘다고 생각한 적이 많다. ① ② ③ ④ ⑤

014. 항상 뭔가 불안한 일이 있다. ① ② ③ ④ ⑤

015. 언제나 실패가 걱정되어 어쩔 줄 모른다. ① ② ③ ④ ⑤

016. 주변으로부터 주목받는 것이 좋다. ① ② ③ ④ ⑤

017. 나는 의지가 약하다고 생각한다. ① ② ③ ④ ⑤

018. 남들에 비해 걱정이 많은 편이다. ① ② ③ ④ ⑤

019. 노래방을 아주 좋아한다. ① ② ③ ④ ⑤

020. 남을 상처 입힐 만한 것에 대해 말한 적이 없다.　　　　　① ② ③ ④ ⑤

021. 부끄러워서 얼굴 붉히지 않을까 걱정된 적이 없다.　　　① ② ③ ④ ⑤

022. 모르는 사람들 사이에서도 나의 의견을 확실히 말할 수 있다.　① ② ③ ④ ⑤

023. 나는 후회하는 일이 많다고 생각한다.　　　　　　　　① ② ③ ④ ⑤

024. 여러 사람들과 있는 것보다 혼자 있는 것이 좋다.　　　① ② ③ ④ ⑤

025. 승부근성이 강하다.　　　　　　　　　　　　　　　① ② ③ ④ ⑤

026. 특별한 이유없이 기분이 자주 들뜬다.　　　　　　　　① ② ③ ④ ⑤

027. 화낸 적이 없다.　　　　　　　　　　　　　　　　① ② ③ ④ ⑤

028. 고지식하다는 말을 자주 듣는다.　　　　　　　　　　① ② ③ ④ ⑤

029. 배려심이 있다는 말을 주위에서 자주 듣는다.　　　　　① ② ③ ④ ⑤

030. 정이 많은 사람을 좋아한다.　　　　　　　　　　　　① ② ③ ④ ⑤

031. 나는 지루하거나 따분해지면 소리치고 싶어지는 편이다.　① ② ③ ④ ⑤

032. 여러 사람 앞에서도 편안하게 의견을 발표할 수 있다.　① ② ③ ④ ⑤

033. 아무 것도 아닌 일에 흥분하기 쉽다.　　　　　　　　① ② ③ ④ ⑤

034. 보통 사람보다 공포심이 강한 편이다.　　　　　　　　① ② ③ ④ ⑤

035. 자신만의 신념을 가지고 있다.　　　　　　　　　　　① ② ③ ④ ⑤

036. 친절하고 착한 사람이라는 말을 자주 듣는 편이다.　　① ② ③ ④ ⑤

037. 남에게 들은 이야기로 인하여 의견이나 결심이 자주 바뀐다.　① ② ③ ④ ⑤

038. 개성있는 사람이라는 소릴 많이 듣는다.　　　　　　　① ② ③ ④ ⑤

039. 낙심해서 아무것도 손에 잡히지 않은 적이 있다.　　　① ② ③ ④ ⑤

040. 붙임성이 좋다는 말을 자주 듣는다.　　　　　　　　　① ② ③ ④ ⑤

041. 지금까지 변명을 한 적이 한 번도 없다.　　　　　　　① ② ③ ④ ⑤

042. 내 방식대로 일을 처리하는 편이다.　　　　　　　　　① ② ③ ④ ⑤

043. 자신이 혼자 남겨졌다는 생각이 자주 드는 편이다.　　① ② ③ ④ ⑤

044. 기분이 너무 고취되어 안정되지 않은 경우가 있다.　　① ② ③ ④ ⑤

045. 남의 일에 관련되는 것이 싫다.　　　　　　　　　　　① ② ③ ④ ⑤

046. 주위의 반대에도 불구하고 나의 의견을 밀어붙이는 편이다.　① ② ③ ④ ⑤

047. 기분이 산만해지는 일이 많다. ① ② ③ ④ ⑤

048. 남을 의심해 본적이 없다. ① ② ③ ④ ⑤

049. 감정적이 되기 쉽다. ① ② ③ ④ ⑤

050. 작은 일에도 신경쓰는 성격이다. ① ② ③ ④ ⑤

051. 착한 사람이라는 말을 자주 듣는다. ① ② ③ ④ ⑤

052. 말하는 것을 아주 좋아한다. ① ② ③ ④ ⑤

053. 책상 위나 서랍 안은 항상 깔끔히 정리한다. ① ② ③ ④ ⑤

054. 기분이 아주 쉽게 변한다는 말을 자주 듣는다. ① ② ③ ④ ⑤

055. 지금까지 감기에 걸린 적이 한 번도 없다. ① ② ③ ④ ⑤

056. 고독을 즐기는 편이다. ① ② ③ ④ ⑤

057. 푸념을 늘어놓은 적이 없다. ① ② ③ ④ ⑤

058. 이유없이 물건을 부수거나 망가뜨리고 싶은 적이 있다. ① ② ③ ④ ⑤

059. 나의 고민, 진심 등을 털어놓을 수 있는 사람이 없다. ① ② ③ ④ ⑤

060. 자존심이 강하다는 소릴 자주 듣는다. ① ② ③ ④ ⑤

061. 아무것도 안하고 멍하게 있는 것을 싫어한다. ① ② ③ ④ ⑤

062. 지금까지 감정적으로 행동했던 적은 없다. ① ② ③ ④ ⑤

063. 항상 뭔가에 불안한 일을 안고 있다. ① ② ③ ④ ⑤

064. 남을 원망하거나 증오하거나 했던 적이 한 번도 없다. ① ② ③ ④ ⑤

065. 그때그때의 기분에 따라 행동하는 편이다. ① ② ③ ④ ⑤

066. 혼자가 되고 싶다고 생각한 적이 많다. ① ② ③ ④ ⑤

067. 생각없이 함부로 말하는 경우가 많다. ① ② ③ ④ ⑤

068. 주위에서 낙천적이라는 소릴 자주 듣는다. ① ② ③ ④ ⑤

069. 남을 싫어해 본 적이 단 한 번도 없다. ① ② ③ ④ ⑤

070. 조금이라도 나쁜 소식은 절망의 시작이라고 생각한다. ① ② ③ ④ ⑤

071. 흐린 날은 항상 우산을 가지고 나간다. ① ② ③ ④ ⑤

072. 불안감이 강한 편이다. ① ② ③ ④ ⑤

073. 혼자서 영화관에 들어가는 것은 전혀 두려운 일이 아니다. ① ② ③ ④ ⑤

074. 나는 다른 사람보다 기가 세다. ① ② ③ ④ ⑤

075. 자주 흥분하여 침착하지 못한다. ① ② ③ ④ ⑤

076. 지금까지 살면서 남에게 폐를 끼친 적이 없다. ① ② ③ ④ ⑤

077. 내일 해도 되는 일을 오늘 안에 끝내는 것을 좋아한다. ① ② ③ ④ ⑤

078. 사람과 사귀는 것은 성가시다라고 생각한다. ① ② ③ ④ ⑤

079. 자신을 변덕스러운 사람이라고 생각한다. ① ② ③ ④ ⑤

080. 아는 사람과 마주쳤을 때 반갑지 않은 느낌이 들 때가 많다. ① ② ③ ④ ⑤

081. 감정적인 사람이라고 생각한다. ① ② ③ ④ ⑤

082. 수다떠는 것이 좋다. ① ② ③ ④ ⑤

083. 남들이 이야기하는 것을 보면 자기에 대해 험담을 하고 있는 것 같다. ① ② ③ ④ ⑤

084. 협조성이 뛰어난 편이다. ① ② ③ ④ ⑤

085. 대재앙이 오지 않을까 항상 걱정을 한다. ① ② ③ ④ ⑤

086. 문제점을 해결하기 위해 항상 많은 사람들과 이야기하는 편이다. ① ② ③ ④ ⑤

087. 나는 도움이 안 되는 인간이라고 생각한 적이 가끔 있다. ① ② ③ ④ ⑤

088. 다수결의 의견에 따르는 편이다. ① ② ③ ④ ⑤

089. 사소한 충고에도 걱정을 한다. ① ② ③ ④ ⑤

090. 학교를 쉬고 싶다고 생각한 적이 한 번도 없다. ① ② ③ ④ ⑤

091. 소리에 굉장히 민감하다. ① ② ③ ④ ⑤

092. 사람을 설득시키는 것이 어렵지 않다. ① ② ③ ④ ⑤

093. 다른 사람에게 어떻게 보일지 신경을 쓴다. ① ② ③ ④ ⑤

094. 여행을 가기 전에 항상 계획을 세운다. ① ② ③ ④ ⑤

095. 그다지 융통성이 있는 편이 아니다. ① ② ③ ④ ⑤

096. 지각을 하면 학교를 결석하고 싶어진다. ① ② ③ ④ ⑤

097. 지금까지 거짓말한 적이 없다. ① ② ③ ④ ⑤

098. 자신은 유치한 사람이다. ① ② ③ ④ ⑤

099. 잡담을 하는 것보다 책을 읽는 편이 낫다. ① ② ③ ④ ⑤

100. 주위 사람의 의견을 생각하여 발언을 자제할 때가 있다. ① ② ③ ④ ⑤

101. 술자리에서 술을 마시지 않아도 흥을 돋굴 수 있다.   ① ② ③ ④ ⑤

102. 매일매일 그 날을 반성한다.   ① ② ③ ④ ⑤

103. 나쁜 일은 걱정이 되어 어쩔 줄을 모른다.   ① ② ③ ④ ⑤

104. 금세 무기력해지는 편이다.   ① ② ③ ④ ⑤

105. 조심성이 있는 편이다.   ① ② ③ ④ ⑤

106. 돈을 허비한 적이 없다.   ① ② ③ ④ ⑤

107. 정해진 대로 따르는 것을 좋아한다.   ① ② ③ ④ ⑤

108. 무엇이든지 자기가 나쁘다고 생각하는 편이다.   ① ② ③ ④ ⑤

109. 밤에 잠을 못 잘 때가 많다.   ① ② ③ ④ ⑤

110. 아첨에 넘어가기 쉬운 편이다.   ① ② ③ ④ ⑤

111. 밤길에는 발소리가 들리기만 해도 불안하다.   ① ② ③ ④ ⑤

112. 남의 험담을 한 적이 없다.   ① ② ③ ④ ⑤

113. 남의 비밀을 금방 말해버리는 편이다.   ① ② ③ ④ ⑤

114. 나는 충분한 자신감을 가지고 있다.   ① ② ③ ④ ⑤

115. 나는 영업에 적합한 타입이라고 생각한다.   ① ② ③ ④ ⑤

116. 남에게 재촉당하면 화가 나는 편이다.   ① ② ③ ④ ⑤

117. 정리가 되지 않은 방에 있으면 불안하다.   ① ② ③ ④ ⑤

118. 다른 사람에게 의존하는 경향이 있다.   ① ② ③ ④ ⑤

119. 자신을 충분히 신뢰할 수 있는 사람이라고 생각한다.   ① ② ③ ④ ⑤

120. 밝고 명랑한 편이어서 화기애애한 모임에 나가는 것이 좋다.   ① ② ③ ④ ⑤

121. 자신만이 할 수 있는 일을 하고 싶다.   ① ② ③ ④ ⑤

122. 숙제를 잊어버린 적이 한 번도 없다.   ① ② ③ ④ ⑤

123. 어떤 일이라도 끝까지 잘 해낼 자신이 있다.   ① ② ③ ④ ⑤

124. 민첩하게 활동을 하는 편이다.   ① ② ③ ④ ⑤

125. 친구를 재미있게 해주는 것을 좋아한다.   ① ② ③ ④ ⑤

126. 너무 신중하여 타이밍을 놓치는 때가 많다.   ① ② ③ ④ ⑤

127. 말싸움을 하여 진 적이 한 번도 없다.   ① ② ③ ④ ⑤

128. 다른 사람들과 덩달아 떠든다고 생각할 때가 자주 있다. ① ② ③ ④ ⑤

129. 후회를 자주 하는 편이다. ① ② ③ ④ ⑤

130. 이론만 내세우는 사람과 대화하면 짜증이 난다. ① ② ③ ④ ⑤

131. 상처를 주는 것도 받는 것도 싫다. ① ② ③ ④ ⑤

132. 한 번도 병원에 간 적이 없다. ① ② ③ ④ ⑤

133. 주변 사람이 피곤해하더라도 자신은 항상 원기왕성하다. ① ② ③ ④ ⑤

134. 쉽게 뜨거워지고 쉽게 식는 편이다. ① ② ③ ④ ⑤

135. 아침부터 아무것도 하고 싶지 않을 때가 있다. ① ② ③ ④ ⑤

136. 이유없이 불안할 때가 있다. ① ② ③ ④ ⑤

137. 규모가 큰 일을 하고 싶다. ① ② ③ ④ ⑤

138. 하기 싫은 것을 하고 있으면 무심코 불만을 말한다. ① ② ③ ④ ⑤

139. 투지를 드러내는 경향이 있다. ① ② ③ ④ ⑤

140. 어떤 일이라도 헤쳐나갈 자신이 있다. ① ② ③ ④ ⑤

141. 자신이 원하는 대로 지내고 싶다고 생각한 적이 많다. ① ② ③ ④ ⑤

142. 자신만의 세계를 가지고 있다. ① ② ③ ④ ⑤

143. 이상주의자이다. ① ② ③ ④ ⑤

144. 인간관계를 중요하게 생각한다. ① ② ③ ④ ⑤

145. 환경이 변화되는 것에 구애받지 않는다. ① ② ③ ④ ⑤

146. 일에 대한 계획표를 만들어 실행을 하는 편이다. ① ② ③ ④ ⑤

147. 영화를 보고 운 적이 있다. ① ② ③ ④ ⑤

148. 조직이나 전통에 구애를 받지 않는다. ① ② ③ ④ ⑤

149. 잘 아는 사람과만 만나는 것이 좋다. ① ② ③ ④ ⑤

150. 성공을 위해서는 어느 정도의 위험성을 감수해야 한다고 생각한다. ① ② ③ ④ ⑤

151. 모임이나 집단에서 분위기를 이끄는 편이다. ① ② ③ ④ ⑤

152. 취미 등이 오랫동안 지속되지 않는 편이다. ① ② ③ ④ ⑤

153. 구입한 후 끝까지 읽지 않은 책이 많다. ① ② ③ ④ ⑤

154. 꾸지람을 들은 적이 한 번도 없다. ① ② ③ ④ ⑤

155. 시간이 오래 걸려도 항상 침착하게 생각하는 경우가 많다.　① ② ③ ④ ⑤

156. 실패의 원인을 찾고 반성하는 편이다.　① ② ③ ④ ⑤

157. 여러 가지 일을 재빨리 능숙하게 처리하는 데 익숙하다.　① ② ③ ④ ⑤

158. 초조하면 손을 떨고, 심장박동이 빨라진다.　① ② ③ ④ ⑤

159. 건성으로 일을 하는 때가 자주 있다.　① ② ③ ④ ⑤

160. 일을 더디게 처리하는 경우가 많다.　① ② ③ ④ ⑤

161. 몸을 움직이는 것을 좋아한다.　① ② ③ ④ ⑤

162. 이 세상에 없는 세계가 존재한다고 생각한다.　① ② ③ ④ ⑤

163. 일을 하다 어려움에 부딪히면 단념한다.　① ② ③ ④ ⑤

164. 독자적으로 행동하는 편이다.　① ② ③ ④ ⑤

165. 시험을 볼 때 한 번에 모든 것을 마치는 편이다.　① ② ③ ④ ⑤

166. 조직의 일원으로 별로 안 어울린다고 생각한다.　① ② ③ ④ ⑤

167. 한 분야에서 1인자가 되고 싶다고 생각한다.　① ② ③ ④ ⑤

168. 다른 사람을 부럽다고 생각해 본 적이 없다.　① ② ③ ④ ⑤

169. 높은 목표를 설정하여 수행하는 것이 의욕적이라고 생각한다.　① ② ③ ④ ⑤

170. 다른 사람들과 있으면 침착하지 못하다.　① ② ③ ④ ⑤

171. 수수하고 조심스러운 편이다.　① ② ③ ④ ⑤

172. 슬픈 영화나 TV를 보면 자주 운다.　① ② ③ ④ ⑤

173. 스포츠를 보는 것이 좋다.　① ② ③ ④ ⑤

174. 쉬는 날은 집에 있는 경우가 많다.　① ② ③ ④ ⑤

175. 행동을 한 후 생각을 하는 편이다.　① ② ③ ④ ⑤

176. 자신을 과소평가 하는 경향이 있다.　① ② ③ ④ ⑤

177. 조연상을 받은 배우보다 주연상을 받은 배우를 좋아한다.　① ② ③ ④ ⑤

178. 유행에 민감하다고 생각한다.　① ② ③ ④ ⑤

179. 친구의 휴대폰 번호를 모두 외운다.　① ② ③ ④ ⑤

180. 비교적 고분고분한 편이라고 생각한다.　① ② ③ ④ ⑤

한국사

한국사

≫ 정답 및 해설 p.254

01 다음의 밑줄 친 조약에 관한 설명 중 옳은 것은 모두 몇 개인가?

조약의 서문

제1관 조선국은 자주의 나라이며, 일본과의 평등한 권리를 갖는다.

제2관 15개월 후에 양국은 서로 사신을 파견한다.

제3관 이 조약 이후 양국 공문서는 일본어를 쓰되 향후 10년간은 조선어와 한문을 사용한다(이하 중략).

ㄱ 이 조약은 조선이 일본과 불평등하게 맺은 강화도조약(조 · 일 수호조규)이다.

ㄴ 부산 · 인천 · 울산 3항구를 개항하여 무역을 허용하였다.

ㄷ 영사재판권을 허용하였다.

ㄹ 조선의 해안의 자유로운 측량권을 부여하였다.

ㅁ 일본공사권의 호위를 명목으로 일본군의 서울 주둔을 허용하였다.

---

① 2개

② 3개

③ 4개

④ 5개

02 동학 농민 운동 기념일을 제정하기 위한 토론회에서 제시된 A~D 주장의 근거로 옳지 않은 것은?

〈주장〉

A : 고부 농민 봉기가 일어난 날로 합시다.
B : 농민군이 1차 봉기한 날로 합시다.
C : 전주 화약을 맺은 날로 합시다.
D : 공주 우금치에서 전투한 날로 합시다.

① A – 창의소를 세워 농민군을 조직하고 황토현 전투에서 승리하였다.
② B – 전봉준은 농민 봉기를 알리는 격문과 4대 행동 강령을 선포하였다.
③ C – 탐관오리의 처단과 잡세의 폐지 등 폐정 개혁을 정부에 요구하였다.
④ D – 일본군의 경복궁 점령과 내정 간섭에 맞선 반일 민족 운동이었다.

03 1930년대에 전개된 소작쟁의에 관한 내용으로 옳은 것은?

① 일제의 식민지 지배에 저항하는 민족운동의 성격이었다.
② 일제의 탄압으로 쟁의가 감소하였다.
③ 전국 각 지역의 농민조합의 수가 1920년대에 비해 감소하였다.
④ 전국적인 농민조합인 조선농민총동맹이 결성되었다.

04 다음 ㉠ 단체의 활동으로 옳은 것은?

> 1927년 2월 15일 오후 7시, 서울 종로 기독청년회관 대강당에서 ㉠의 창립 대회가 열렸다. 이 날의 대회
> 는 약 200여 명의 회원이 참석하여 방청인까지 합하면 1,000명이 넘는 성황이었다. 신석우가 임시 의장
> 으로 선임되고 이어서 서기의 선출, 회원 호명, 조선 민흥회와의 합동 경과 보고 등이 있었다. 회장에는
> 이상재가 추대되었고 부회장에는 홍명희가 뽑혔다.

① 백정들의 조선 형평사 창립을 지원하였다.
② 어린이날을 제정하고 소년 운동을 주도하였다.
③ 농민·노동 운동 등의 사회 운동을 지원하였다.
④ 평양 메리야스 공장 등 민족 기업을 설립하였다.

05 다음 자료에 대한 설명으로 옳지 않은 것은?

> 1929년 9월 8일 함경남도 덕원군 문평리에 있던 라이징 선(Rising Sun) 석유회사의 일본인 감독이 한국
> 인 유조공을 구타하자, 노동자 120명이 감독 파면과 처우개선을 요구하며 파업을 일으켰다. 파업이 길어
> 지자 1만 명이 넘는 노동자 가족의 생활은 어려워졌다. 이에 원산노동연합회는 생계를 위해 양식을 배급
> 하였고 이 소식이 알려지면서 전국 각지의 노동조합, 청년단체, 농민단체 등의 후원과 일본·중국·프랑
> 스 노동단체의 격려가 잇따랐다. 일본경찰은 수백 명의 경관을 출동시켜 노동자 40명을 체포하였다. 이
> 후에도 노동자 파업이 전국 각지에서 일어났다.

① 항일민족운동과 결부되어 일어났다.
② 일제의 탄압과 수탈로 점차 약화되었다.
③ 노동쟁의는 회사령의 발표로 종식되었다.
④ 세계공황이후 파업투쟁건수가 급격히 증가하였다.

06 다음과 같은 주장을 한 단체와 관련이 없는 것은?

- 전국적으로 정치범·경제범을 즉시 석방할 것
- 서울의 3개월 간의 식량을 보장할 것
- 치안유지와 건국을 위한 정치활동에 간섭하지 말 것

① 건국동맹을 모체로 한다.
② 송진우, 김성수 등이 주도하여 창설되었다.
③ 건국치안대를 조직하여 치안을 담당하였다.
④ 인민위원회로 전환되기도 하였다.

07 다음 자료는 미국에 파견된 사절단이다. 이 사절단과 관련된 탐구 활동으로 적절한 것을 〈보기〉에서 고른 것은?

조미 수호 통상 조약의 체결로 1883년 주한공사 푸트(Foote, L. H.)가 부임하자 이를 계기로 조선에서 최초로 미국 등 서방 세계에 파견된 외교 사절단이다. 고종이 1883년 5월 민영익, 홍영식, 유길준 등의 개화파 인사들을 서방 세계에 파견하였다.

〈보기〉
㉠ 통리기무아문 설치에 영향을 주었다.
㉡ 최초로 근대적 서양문명을 견문하였다.
㉢ 최혜국 대우 조항이 처음으로 나타난 조약을 조사한다.
㉣ 최초로 미국식 우편제도를 도입하여 우정국을 창설하였다.

① ㉠, ㉡   ② ㉠, ㉢
③ ㉠, ㉡, ㉣   ④ ㉡, ㉣

08 다음 중 ㈎의 시기에 일어난 일로 옳은 것은?

> 모스크바 3국 외상회의 → 1차 미소공동위원회 → ㈎ → 2차 미소공동위원회 → 대한민국 건립

① 제주도 4 · 3사건
② 신탁통치반대운동의 범국민적 통합단체 발족
③ 5 · 10 총선거
④ 좌우합작운동

09 다음 자료와 관련된 단체의 활동을 〈보기〉에서 고른 것은?

> 1. 외국에게 의지하지 말고 관민이 동심 협력하여 전제 황권을 공고히 할 것
> 2. 외국과의 이권에 관한 계약과 조약은 각 대신과 중추원 의장이 합동 서명하고 시행할 것
> 3. 국가 재정은 탁지부에서 모두 관리하고 예산과 결산을 국민에게 공포할 것
> 4. 중대 범죄를 공판하되, 피고의 인권을 존중할 것
> 5. 지방관을 임명할 때에는 정부에 그 뜻을 물어 중의에 따를 것
> 6. 정해진 규칙을 시행할 것

〈보기〉

㉠ 신교육 운동   ㉡ 고종 퇴위 반대운동
㉢ 황무지개간권 철회 운동   ㉣ 독립신문 · 황성신문 간행

① ㉠, ㉡   ② ㉠, ㉣
③ ㉠, ㉢   ④ ㉡, ㉢

10 다음 질문에 옳게 대답한 것을 모두 고르면?

〈질문〉
우리나라의 경제 개발을 상징하는 것은 경부 고속 국도와 포항 종합 제철 공장입니다. 두 공사가 시작될 당시의 경제 상황에 대해 말해보세요.
〈답변〉
甲 : 우루과이 라운드 협정 타결로 시장 개방이 가속화되고 있었어요.
乙 : 한·일 협정 체결 이후 일본에서 청구권 자금이 유입되고 있었어요.
丙 : 베트남 파병에 따른 베트남 특수로 우리 기업의 해외 진출이 활발했어요.
丁 : 저금리, 저유가, 저달러의 3저 현상으로 인해 수출이 계속 늘어나고 있었어요.

① 甲, 乙
② 甲, 丙
③ 乙, 丙
④ 丙, 丁

11 다음의 (가) 사건에 대한 설명으로 옳지 않은 것은?

일본군은 얕보던 독립군에게 큰 참패를 당하자, 한반도에 주둔하고 있던 부대와 관동지방에 주둔 중인 부대 및 시베리아에 출병 중인 부대를 동원하여 세 방향에서 독립군을 포위하고 공격하였다. 이로 인해 1920년 10월 (가)이(가) 발발했다.

① 김좌진이 전쟁을 승리로 이끌었다.
② 봉오동 전투 이후에 일어난 사건이다.
③ 독립 전쟁 사상 가장 큰 승리를 거두었다.
④ 서로 군정서군을 중심으로 여러 독립군 부대가 연합 작전을 펼쳤다.

12 다음 상황이 끼친 영향으로 옳은 것을 〈보기〉에서 고른 것은?

> 미국으로부터 우리나라에 수백만 석의 양곡이 원조되었다. 작년도의 2배 이상 증가한 양이 들어오게 되었는데, 이를 통해 전후 식량 문제가 상당히 극복되어 가고 있으며, 아울러 이와 더불어 들어오는 소비재 물품들 또한 국민들의 생활 안정에 보탬이 되고 있다. 그러나 식량 위주의 원조가 갖는 문제점이 발생하고 있어 정부가 조처를 취해야 할 것으로 보인다.

〈보기〉

⊙ 농지개혁이 중단되었다.   © 삼백 산업이 성장하였다.
© 농산물 가격이 하락하였다.   ② 소비재 산업의 성장이 부진하였다.

① ⊙©   ② ⊙©
③ ©©   ④ ©②

13 다음과 같은 포고문이 발표된 직후 개정된 헌법에 대한 설명으로 옳지 않은 것은?

> 1. 모든 정치 활동 목적의 옥내 외 집회 및 시위를 일절 금한다. 정치 활동 목적이 아닌 옥내 외 집회는 허가를 받아야 한다. 단, 관혼상제와 의례적인 비정치적 종교 행사의 경우는 예외로 한다.
> 2. 언론, 출판, 보도 및 방송은 사전 검열을 받아야한다.
> 3. 각 대학은 당분간 휴교 조치한다.
> 4. 정당한 이유 없는 직장 이탈이나 태업 행위를 금한다.
> 5. 유언비어의 날조 및 유포를 금한다.
> 6. 야간 통행 금지는 종전대로 시행한다.

① 국가재건최고회의를 통해 대통령을 간접 선출하였다.
② 국회의 고유 권한이었던 국정감사권을 폐지시켰다.
③ 긴급조치권이라는 초법적 권한을 대통령에게 주었다.
④ 정치뿐만 아니라 문화, 예술 분야도 정부가 간섭하였다.

14 다음 글의 내용을 보고 이 문제를 해결하기 위해 시행한 흥선 대원군의 정책은?

> 시아버지 삼년상 벌써 지났고,
> 갓난아인 배냇물도 안 말랐는데
> 이 집 삼대 이름 군적에 모두 실렸네.
> 억울한 사연 하소연하려 해도
> 관가 문지기는 호랑이 같고,
> 이정은 으르렁대며 외양간 소마저 끌고 갔다네.

① 서원의 정리 ② 사창제의 실시
③ 호포법의 시행 ④ 당백전의 발행

15 (가)와 (나) 주장 사이의 시기에 있었던 사실로 옳은 것은?

> (가) 지금의 왜인들은 서양 옷을 입고 서양 대포를 사용하며 서양 배를 탔으니, 이는 서양과 왜가 일체인 증거입니다. 따라서 왜와 강화를 맺는 날이 바로 곧 서양과 화친을 맺는 날이 될 것입니다.
> –「면암집」–
> (나) 황준헌의 사사로운 책자를 보노라면 어느새 털끝이 일어서고 쓸개가 떨리며 울음이 북받치고 눈물이 흐릅니다. …… 러시아, 미국, 일본은 다 같은 오랑캐입니다. 그들 중 누구는 후하게 대하고 누구는 박하게 대하기는 어려운 일입니다.
> –영남 만인소–

① 아관 파천이 단행되었다.
② 군국기무처가 설치되었다.
③ 조 · 미 수호 통상 조약이 체결되었다.
④ 김홍집이 수신사로 일본에 파견되었다.

16 다음 주장이 제기된 경제적 구국 운동에 대한 설명으로 옳은 것은?

> • 외채 1천 3백만 원을 갚지 못하면 우리 강토 삼천리를 보존키 어려워라. …… 남자만 국토에 사는 것이 아니라 여자도 생명을 보전하는 것은 일반이라, 충군애국지심이 어찌 남녀가 다르리오.
> • 속담에 '빚진 종'이라 하였으니, 그 말이 과연이로다. 오늘 나라의 빚이 1천 3백만 원에 달했는데, 만일 나라의 빚을 정부에만 맡겨 두고 우리 국민이 보상할 방책을 강구하지 않으면 마침내 빚의 종을 면치 못할 것이다.

① 조선 물산 장려회의 주도로 전개되었다.
② 독립문 건립을 위한 모금 활동을 하였다.
③ 일제의 황무지 개간권 요구를 철회시켰다.
④ 대구에서 시작되어 전국적으로 확산되었다.

17 다음 글을 읽고 알 수 있는 사실은?

> 일본은 전쟁에서 승리하여 중국의 랴오둥 반도를 할양받았으나 삼국 간섭으로 이를 반환할 것을 약속하였다. 당시 조선 왕실은 러시아에 접근하면서 일본의 압력에서 벗어나려고 하였는데, 박영효를 역모로 몰아내고 왕실의 측근 세력을 내각에 기용하였다. 이에 일본은 군인 출신의 미우라를 조선 주재 일본 공사로 파견하여 영향력을 만회하려 하였다.

① 일본은 명성 황후를 시해하였다.
② 일본은 러시아 함대를 공격하고 전쟁을 선포하였다.
③ 정부는 군대를 동원하여 만민 공동회를 해산시켰다.
④ 고종은 경운궁으로 환궁하고 대한 제국의 수립을 선포하였다.

18 다음의 법제를 제정한 다음 정부에서 실시한 정책에 해당하는 것은?

> 제1조 대한국은 세계 만국에 공인된 자주 독립한 제국이다.
> 제2조 대한 제국의 정치는 만세토록 불변할 전제 정치이다.
> 제3조 대한국 대황제는 무한한 군권을 지니고 있다.
> 제5조 대한국 대황제는 육·해군을 통솔한다.

① 지방의 8도를 23부로 개편하였다.
② 왕실 사무와 정부 사무를 분리하였다.
③ 관민 공동회의 헌의 6조를 수용하였다.
④ 원수부를 중심으로 황제의 군사권을 강화하였다.

19 다음에서 설명하는 단체에 대한 옳은 설명은?

> 20세기 초 항일전에서 막대한 피해를 입은 의병들은 독립 전쟁을 위한 민족의 각성과 실력 양성의 필요성을 중시하게 되었으며, 계몽 운동가들도 기존의 실력 양성 운동의 한계를 절감하고 현실적인 독립 전쟁 준비론을 실천하고자 하였다. 이에 이 단체가 비밀 결사로 조직되어 국외 독립운동 기지 건설과 무관 학교 설립을 위한 노력을 기울였다.

① 최초로 자유 민권 운동을 전개하였다.
② 일제가 조작한 105인 사건으로 와해되었다.
③ 고종의 비밀 지령으로 의병을 규합하여 결성하였다.
④ 헌정 연구회를 계승하였으며, 고종 강제 퇴위 반대 운동을 전개하였다.

20 다음에서 설명하고 있는 학무아문의 고시에 따라 이루어진 사실은?

> 지금 시국이 크게 바뀌었다. 모든 제도가 다 새로워져야 하지만 영재 교육이 제일 급한 일이다. 본 아문에서 학교를 세워 먼저 서울에서 행하려 하니, 위로 공경 재부의 아들로부터 아래로 서민 자제까지 다 이 학교에 들어와 여러 학문을 배우고 익히도록 하라.

① 배재 · 이화 학당이 설립되었다.
② 사범학교와 소학교가 설립되었다.
③ 각종 학회에서 학교를 설립하였다.
④ 육영 공원에 외국인 교사를 초빙하였다.

21 다음에서 설명하고 있는 ㈎, ㈏ 단체에 대한 설명으로 옳은 것은?

> ㈎ 조선 청년 독립단은 아 2천만 민족을 대표하여 정의와 자유의 승리를 얻은 세계 만국 앞에 독립을 달성하기를 선언하노라.
> ㈏ (공약 3장) 하나, 금일 오인의 이 거사는 정의, 인도, 생존, 존영을 위하는 민족적 요구이니 오직 자유적 정신을 발휘할 것이요, 결코 배타적 감정으로 일주하지 말라.

① ㈎ – 만주 길림에서 발표하였다.
② ㈎ – 민족 대표 33인이 선언서에 서명하였다.
③ ㈏ – 의열단의 행동 지침으로 활용되었다.
④ ㈎, ㈏ – 윌슨이 제기한 민족 자결주의의 영향을 받았다.

22 다음 자료와 관련된 민족 운동에 대한 설명으로 옳지 않은 것은?

> 대한 독립 만세!
> 대한 독립운동가여 단결하라!
> 동양 척식 주식회사를 철폐하라!
> 일체의 납세를 거부하자!
> 일본인 공장의 직공은 총파업하라!
> 일본인 지주에게 소작료를 바치지 말자!
> 언론 · 집회 · 출판의 자유를!
> 조선인 교육은 조선인 본위로!

① 순종의 죽음을 계기로 계획되었다.
② 신간회가 진산 조사단을 파견하였다.
③ 학생들이 시위와 동맹 휴학을 전개하였다.
④ 민족주의 계열과 사회주이 계열의 연대가 모색되었다.

23 다음 자료를 통해 알 수 있는 사실은?

> 임시 정부의 국무위원이었던 자는 옌안으로 가서 김두봉을 직접 만났어요. 그에게 좌우 통일 전선을 충칭에서 결성하자고 제의했더니 찬성하더라구요. 자기가 충칭으로 오겠다는 겁니다. 다른 간부들도 모두 찬성이었어요. 그 때는 일제의 패망이 얼마 남지 않았음을 확신할 수 있었던 때였으니까 우리가 하루 빨리 뭉쳐 해방에 대비해야 한다는 생각을 쉽게 가질 수 있던 때였습니다.

① 조선 의용대가 한국 광복군에 합류하였다.
② 만주에서 혁신 의회와 국민부가 결성되었다.
③ 중국 관내의 독립운동 단체가 통합을 추진하였다.
④ 한국 독립군이 중국군과 쌍성보에서 항일전을 벌였다.

24 다음의 (가), (나) 시기 사이에 일어난 사건에 해당하는 것은?

> (가) 김구 씨는 드디어 서울을 출발, 저녁에 무사히 38도선을 통과하여 이튿날 평양에 도착하였다. 홍명희, 조소앙 씨도 청년 대표 등과 함께 서울을 출발하였다. 이렇게 남북의 정당·단체 대표가 평양에 모여 역사적 회담이 개최될 것으로 여겨진다.
>
> (나) 외신에 의하면 거제도에 있는 수용소에서 포로들과 미국 경비대가 크게 충돌하는 사건이 일어났다. 격렬한 전투 끝에 질서가 회복되었으나 미군, 북한군 포로들 중 사상자가 발생하였다. 다수의 북한군 포로가 불법 시위를 하자 이를 경비대가 제지하면서 일어난 것이라 한다.

① 좌우 합작 7원칙이 발표되었다.
② 여수·순천 10·19 사건이 일어났다.
③ 한·미 상호 방위 조약이 체결되었다.
④ 진보당 사건에 대한 판결이 발표되었다.

25 밑줄 친 '전쟁'이 전개된 시기에 볼 수 있었던 모습으로 적절한 것은?

> 청군은 아산에, 일본군은 부산과 제물포에 상륙하였다. 이어 8천 명의 병력을 실은 11척의 청 군함이 아산과 압록강 입구로 향했다. 풍도 앞바다에서 일본 군함이 청 군함을 향해 포를 쏘면서 <u>전쟁</u>이 발발하였다. …… 평양 전투에서 승리한 일본군은 압록강을 건너 청군을 패주시켰다.

① 일본 공사관을 습격하는 구식 군인
② 집강소에서 폐정 개혁을 추진하는 동학 농민군
③ 쌍성보에서 한·중 연합 작전을 벌이는 독립군
④ 관민 공동회에 참석하여 연설을 듣고 있는 정부 관리

26 자료에 나타난 운동에 대한 설명으로 옳은 것은?

> 다 같은 조선 민족인데 왜 '피쟁이'니 '갖바치'니 '천인'이니 하며 천대하고 멸시하는가. …… 결국은 우리 계급 40만이 한 몸뚱이처럼 단결하는 것이 필요하다. 이와 같은 의미에서 형평사라는 조직이 생겼다. 형 평이라 함은 이 인간 세상을, 이 인간 사회를 저울로 달아서 평탄하게 고른다는 의미이다.

① 통감부의 탄압으로 중단되었다.
② 순종의 인산일을 기하여 일어났다.
③ 백정에 대한 사회적 차별 철폐를 주장하였다.
④ 대한민국 임시 정부가 수립되는 데 영향을 끼쳤다.

27 다음 선언문을 발표한 정부의 통일 노력으로 옳은 것은?

> 남북 정상들은 분단 역사상 처음으로 열린 이번 상봉과 회담이 서로 이해를 증진시키고 남북 관계를 발 전시키며 평화 통일을 실현하는 데 중대한 의의를 가진다고 평가하고 다음과 같이 선언한다.
> ……
> 3. 남과 북은 올해 8·15에 즈음하여 흩어진 가족, 친척 방문단을 교환하며 비전향 장기수 문제를 해결 하는 등 인도적 문제를 조속히 풀어 나가기로 하였다.
> 4. 남과 북은 경제 협력을 통하여 민족 경제를 균형적으로 발전시키고 사회, 문화, 체육, 보건, 환경 등 제반 분야의 협력과 교류를 활성화하여 서로의 신뢰를 다져 나가기로 하였다.

① 정전 협정을 체결하였다.
② 개성 공단 조성에 합의하였다.
③ 남북 기본 합의서를 채택하였다.
④ 남북 조절 위원회를 설치하였다.

28 다음 상황이 일어난 시기를 연표에서 옳게 고른 것은?

왕은 단발령에 서명하도록 강요받았으며, 왕과 세자와 대원군, 그리고 각료들이 상투를 잘랐고, 군대와 경찰이 뒤따라 잘랐다. …(중략)… 이에 반대하는 저항이 전개되고, 일본인에 대한 적개심이 노골적으로 표출되는 등 전국적으로 단발을 둘러싼 갈등이 나타났다.

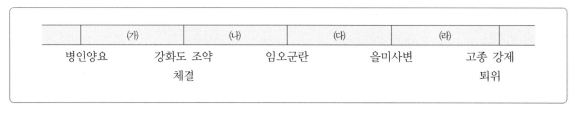

① (가)
② (나)
③ (다)
④ (라)

29 다음 중 공군 핵심가치의 네 가지 덕목에 해당하지 않는 것은?

① 도전
② 헌신
③ 전문성
④ 윤리성

30 다음 중 핵심가치의 역할에 대한 설명으로 옳지 않은 것은?

① 핵심가치는 공군인이 공통적인 가치를 지향하도록 해주고 전 공군인을 일치단결시키는 구심점 역할을 한다.

② 핵심가치는 공군문화의 중심이며 공군인의 정체성 및 상호 간 신뢰, 소속감을 강화시켜 준다.

③ 핵심가치는 공군인이 스스로를 지탱하는 경제적 지주가 된다.

④ 핵심가치는 변화와 혁신의 시대에 근본적인 원동력을 제공한다.

PART

04

정답 및 해설

CHAPTER **01** 인지능력평가

언어논리

01	02	03	04	05	06	07	08	09	10	11	12	13	14	15	16	17	18	19	20
③	②	④	①	③	①	⑤	④	③	①	④	④	⑤	④	①	③	③	①	④	④
21	22	23	24	25	26	27	28	29	30	31	32	33	34	35	36	37	38	39	40
①	④	①	①	⑤	④	②	③	④	④	②	①	④	⑤	③	⑤	③	④	③	②
41	42	43	44	45	46	47	48	49	50	51	52	53	54	55	56	57	58	59	60
⑤	②	④	②	①	③	①	④	③	③	④	②	①	①	①	④	②	①	③	④
61	62	63	64	65	66	67	68	69	70	71	72	73	74	75					
①	④	⑤	②	④	③	③	②	③	④	⑤	⑤	⑤	③	①					

01 ③

① 강한 힘이나 권력으로 강제로 억누름

② 자기의 뜻대로 자유로이 행동하지 못하도록 억지로 억누름

③ 위엄이나 위력 따위로 압박하거나 정신적으로 억누름

④ 폭력으로 억압함

⑤ 무겁게 내리누름, 참기 어렵게 강제하거나 강요하는 힘

02 ②

① 생각이나 판단력이 분명하고 똑똑함

② 병, 근심, 고생 따위로 얼굴이나 몸이 여위고 파리함

③ 용기나 줏대가 없어 남에게 굽히기 쉬움

④ 마음이나 기운이 꺾임

⑤ 품위나 몸가짐이 속되지 아니하고 훌륭함

03 ④

① 가엾고 불쌍함
② 터무니없는 고집을 부릴 정도로 매우 어리석고 둔함
③ 간절히 생각하며 그리워함
④ 훈련을 거듭하여 쌓음
⑤ 의지나 사람됨을 시험하여 봄

---

04 ①

현대와 조형 미술에서 감각에 대한 개념을 소유와 존재의 인식을 바탕으로 생각해 보면 감각이 '세계로 통하는 공통된 언어'라고 잘못 이해되고 있는 경우를 경계해야 한다는 내용에 대한 예를 들고 있다. 따라서 '예를 들어'가 들어가는 것이 적절하다.

---

05 ③

네 개의 문장에서 공통적으로 언급하고 있는 것은 환경문제임을 알 수 있다. 따라서 ㉡ 문장이 '문제 제기'를 한 것으로 볼 수 있다. ㉠는 ㉡에서 언급한 바를 더욱 발전시키며 논점을 전개해 나가고 있으며, ㉣에서는 논점을 '잘못된 환경문제의 해결주체'라는 쪽으로 전환하여 결론을 위한 토대를 구성하며, ㉢에서 필자의 주장을 간결하게 매듭짓고 있다.

---

06 ①

㉠ 미국의 동아시아 질서 재편 시도
㉤ 닉슨독트린(1970년)
㉢ 중국의 UN가입 및 닉슨의 중국 방문(1971~1972년)
㉣ 국제 정세가 한반도에 영향
㉡ 대한적십자사의 남북 적십자 회담 제의

---

07 ⑤

인문학은 인간의 사상 및 문화를 대상으로 하는 학문영역으로 언어·문학·역사·법률·철학·고고학·예술사 등을 포함한다. 즉 철학의 상위어로 인문학이 되고, 국사의 상위어는 역사가 된다.

08 ④

'버스나 전철의 경로석에 앉지 말기', '신호등 지키기', '정당한 방법으로 돈을 벌기' 등은 사회 구성원의 약속이므로, 비록 이 약속이 개인의 이익과 충돌하더라도 지켜야 한다는 것이 이 글의 주제이다.

---

09 ③

제시된 글은 '살 터를 잡는 요령'에 대한 네 가지의 요소를 들어 말하고 있다.
① 둘 이상의 대상의 공통점과 차이점을 드러내는 설명 방법이다.
② 비슷한 특성에 근거하여 대상들을 나누거나 묶는 설명 방법이다.
③ 어떤 복잡한 것을 단순한 요소나 부분들로 나누는 설명 방법이다. 즉, 이 글은 '분석'의 방법을 사용하고 있다.
④ 구체적인 예를 들어 진술의 타당성을 뒷받침하는 설명방법이다.

---

10 ①

'정'은 혼자 있을 때나 고립되어 있을 때는 우러날 수 없고, 항상 어떤 '관계'가 있어야 생겨난다는 점에서 '상대적'이며, 많은 시간을 함께 보내고 지속적인 관계가 유지될수록 우러난다고 했으므로 정의 발생 빈도나 농도는 관계의 지속 시간과 '비례'한다.

---

11 ④

ⓒⓛ 영어 공용화를 통한 다원주의적 문화 정체성 확립 및 필요성 → ⓜ 다양한 민족어를 수용한 싱가포르의 문화적 다원성의 체득 → ㉠ 말레이민족 우월주의로 인한 문화적 다원성에 뒤쳐짐 → ㉣ 단일 민족 단일 모국어 국가의 다른 상황

---

12 ④

①②③⑤는 유의어 관계이고, ④는 반의어 관계이다.
④ 간섭 : 직접 관계가 없는 남의 일에 부당하게 참견함
　　방임 : 돌보거나 간섭하지 않고 제멋대로 내버려 둠
① 미연 : 어떤 일이 아직 그렇게 되지 않은 때
　　사전 : 일이 일어나기 전. 또는 일을 시작하기 전

② 박정 : 인정이 박함

　냉담 : 태도나 마음씨가 동정심 없이 차가움

③ 타계 : 인간계를 떠나서 다른 세계로 간다는 뜻으로, 사람의 죽음 특히 귀인(貴人)의 죽음을 이르는 말

　영면 : 영원히 잠든다는 뜻으로, '죽음'을 이르는 말

⑤ 사모 : 애틋하게 생각하고 그리워 함

　동경 : 어떤 것을 간절히 그리워하여 그것만을 생각함

---

13 ⑤

㉠은 전제이며 ㉡은 이에 대한 예시이다. 또한 ㉢은 ㉡을 구체화하고 있다. ㉣은 앞 문단들에 대한 반론이며 ㉤은 결론이다.

---

14 ④

제시된 문장의 '맡다'는 '일이나 책임을 넘겨받아 자기가 담당하다'라는 의미로 사용되었다.

①⑤ 어떤 물건을 받아 보관하다.

② 차지하다.

③ 면허나 증명·허가 등을 얻어 받다.

---

15 ①

줄다

㉠ 수효나 분량이 적어지다.

㉡ 길이·넓이·부피 등이 작아지다.

㉢ 힘이나 세력·실력 등이 본디보다 못하게 되다.

㉣ 살림이 어려워지다.

---

16 ③

제시된 글의 '그린'은 '(사물의 형상이나 사상·감정을) 말이나 글로 나타내다'의 뜻으로 쓰였다.

※ 그리다

　㉠ 연필, 붓 따위로 어떤 사물의 모양을 그와 닮게 선이나 색으로 나타내다.

　㉡ 생각, 현상 따위를 말이나 글, 음악 등으로 나타내다.

　㉢ 어떤 모양을 일정하게 나타내거나 어떤 표정을 짓다.

17　③

①②④⑤ 결과를 가져오다
③ 탄생시키다, 배출하다
※ 낳다
　　㉠ 밴 아이나 새끼·알을 몸 밖으로 내 놓다.
　　㉡ 어떤 결과를 이루거나 가져오다.

18　①

① 시력(視力), 물체의 존재나 형상을 인식하는 눈의 능력을 의미한다.
②③④⑤ '사물을 보고 판단하는 힘'을 의미한다.

19　④

④ 생각이 듬쑥하고 신중하다.
①②③⑤ '겉에서 속까지의 거리가 멀다'의 의미이다.

20　④

밑줄 친 부분의 다음 문장을 통해 무분별한 영어 사용이 외국어에 대한 언어 사대주의로 악화될 수 있음을 우려하고 있다는 것을 알 수 있다.

21　①

① 넓게 번지는 것을 못하게 만든다는 의미이다.
②③④⑤ 통하지 못하게 하는 것을 의미한다.

22　④

④ 비, 눈, 바람 따위를 맞게 된다는 의미이다.
①②③⑤ 서로 마주 보게 됨을 의미한다.

23 ①

ㄱ 나다 : 소리, 냄새 따위가 밖으로 드러나다.
② 어떤 사물에 구멍, 자국 따위의 형체 변화가 생기거나 작용에 이상이 일어나다.
③ 어떤 현상이나 사건이 일어나다.
④ 이름이나 소문 따위가 알려지다.
⑤ 생명체가 태어나다.

---

24 ①

갱신하다 : 이미 있던 것을 고쳐 새롭게 하다.
경신하다 : 기록이나 경기 따위에서 종전의 기록을 깨뜨리다.
① '세계신기록을 경신하다.'가 옳은 표현이다.

---

25 ⑤

ㄱ 강하다 : 수준이나 정도가 높다.
①②③④ 물리적인 힘이 세다.

---

26 ④

ㄱ 보내다 : 사람이나 물건 따위를 다른 곳으로 가게 하다.
① 결혼을 시키다.
② 사람을 일정한 곳에 소속되게 하다.
③ 놓아주어 떠나게 하다.
⑤ 시간이나 세월을 지나가게 하다.

---

27 ②

ㄱ 이용하다 : 대상을 필요에 따라 이롭게 쓰다.
①③④⑤ 다른 사람이나 대상을 자신의 이익을 채우기 위한 방편으로 쓰다.

28 ③

㉠ 따르다 : 어떤 경우, 사실이나 기준 따위에 의거하다.
① 다른 사람이나 동물의 뒤에서, 그가 가는 대로 같이 가다.
② 앞선 것을 좇아 같은 수준에 이르다.
④ 관례, 유행이나 명령, 의견 따위를 그대로 실행하다.
⑤ 어떤 일이 다른 일과 더불어 일어나다.

---

29 ④

'차치하다'와 '내버려두다'는 유의어이다.

---

30 ④

조각 : 미술→왼쪽 단어(조각)가 오른쪽 단어(미술)에 포함된다. → 하위어 : 상위어 관계이다. 따라서 식물의 하위어에 해당하는 나무가 정답이다.

---

31 ②

상위어와 하위어의 관계이다.
② 감자는 채소에 속하고, 배는 과일에 속한다.

---

32 ①

단 : 짚, 대나무, 채소 따위의 묶음, 혹은 그 묶음을 세는 단위.
쌈 : 바늘을 묶어 세는 단위.
코 : 뜨개질할 때 눈마다 생겨나는 매듭을 세는 단위.
접 : 채소나 과일 따위를 묶어 세는 단위.
쾌 : 북어를 묶어 세는 단위. 한 쾌는 북어 스무 마리를 이른다.

---

33 ④

④ '태어날 때부터 악한 사람이라도 수양을 하고 교육을 받으면 착해진다'는 순자의 주장이다. 고자는 '사람은 태어나서부터 악하거나 선하지 않고 가르침을 통해 어느 품성으로도 될 수 있다'고 주장하였다.

34 ⑤

'모든 무신론자가 운명론을 거부하는 것은 아니다'에서 보면 운명론을 거부하는 무신론자도 있고, 운명론을 믿는 무신론자도 있다는 것을 알 수 있다.

---

35 ③

( ) 앞의 내용과 뒤의 내용이 상반되므로 '그러나'가 알맞다.

---

36 ⑤

㉠ 타다 : 탈 것이나 짐승의 등 따위에 몸을 얹다.
① 도로, 줄, 산, 나무, 바위 따위를 밟고 오르거나 그것을 따라 지나가다.
② 어떤 조건이나 시간, 기회 등을 이용하다.
③ 의거하는 계통, 질서나 선을 밟다.
④ 바람이나 물결, 전파 따위에 실려 퍼지다.

---

37 ③

①②④⑤는 지문에서 알 수 없다. 제시된 글에서 뜨개질을 잘하는 사람은 은주, 희경, 경은 순이며 지혜는 알 수 없으므로 정답은 ③이다.

---

38 ④

사랑하는 사람들은 생활에 즐거움을 느끼는데 그것은 행복하다는 것이므로 ④가 적절하다.

---

39 ③

명제가 참이면 그 명제의 대우 역시 참이 되므로 ③의 명제는 참이 된다.

40 ②

    ㉠ 띠다 : 어떤 성질을 가지다.

    ① 용무나 직책, 사명 따위를 지니다.

    ③ 빛깔이나 색채 따위를 가지다.

    ④ 물건을 몸에 지니다.

    ⑤ 감정이나 기운 따위를 나타내다.

---

41 ⑤

작자는 오래된 물건의 가치를 단순히 기능적 편리함 등의 실용적인 면에 두지 않고 그것을 사용해온 시간, 그 동안의 추억 등에 두고 있으며 그렇기 때문에 오래된 물건이 아름답다고 하였다.

---

42 ②

①③④⑤는 지문에서 확인할 수 있으나 ②는 지문을 통해 알 수 없는 내용이다.

---

43 ④

국제 유가가 상승하면 수입이 늘어나고 외화 수요의 증가를 가져오므로 환율은 오르게 된다.

---

44 ②

태풍의 눈에서는 바람이 약하고 맑은 하늘을 볼 수 있다.

---

45 ①

    ① '차차 젖어 들어가다'라는 뜻이다.

    ② 액체 속에 존재하는 작은 고체가 액체 바닥에 쌓이는 일을 말한다.

    ③ 비, 하천, 빙하, 바람 따위의 자연 현상이 지표를 깎는 일을 말한다.

    ④ 밑으로 가라앉는 것을 의미한다.

    ⑤ 가라앉아 내림을 뜻하며 침강과 비슷한 말이다.

46 ③

① 여러 사람이 모여 서로 의논하는 것을 의미한다.

② 상세하게 의논함을 이르는 말이다.

③ 어떤 일을 이루려고 대책과 방법을 세움을 의미한다.

④ 서로 의견이 일치함을 뜻한다.

⑤ 어떤 목적에 부합되는 결정을 하기 위하여 여럿이 서로 의논함을 의미한다.

---

47 ①

결초보은 : 죽은 뒤에라도 은혜를 잊지 않고 갚음을 이르는 말

① 죽어서 백골이 되어도 잊을 수 없다는 뜻으로, 남에게 큰 은덕을 입었을 때 고마움의 뜻으로 이르는 말

② 간사한 꾀로 남을 속여 희롱함을 이르는 말

③ 융통성 없이 현실에 맞지 않는 낡은 생각을 고집하는 어리석음을 이르는 말

④ 재앙과 근심, 걱정이 바뀌어 오히려 복이 됨

⑤ 입에는 꿀이 있고 뱃속에는 칼이 있다는 뜻으로, 말로는 친한 듯 하지만 속으로는 해칠 생각이 있음을 이르는 말

---

48 ④

진행 : 일 따위를 처리하여 나가다.

추진 : 목표를 향하여 밀고 나아가다.

따라서 제시된 문장 속 밑줄 친 두 단어의 관계는 동의어이다.

① 반의어

담소하다 : 겁이 많고 배짱이 없다.

담대하다 : 겁이 없고 배짱이 두둑하다.

② 반의어

돈바르다 : 성미가 너그럽지 못하고 까다롭다.

너그럽다 : 마음이 넓고 아량이 있다.

③ 반의어

진출하다 : 어떤 방면으로 활동 범위나 세력을 넓혀 나아가다.

철수하다 : 진출하였던 곳에서 시설이나 장비 따위를 가지고 물러나다.

④ 동의어

양해하다 : 남의 사정을 잘 헤아려 너그러이 받아들이다.

이해하다 : 남의 사정을 잘 헤아려 너그러이 받아들이다.

⑤ 빈의어
　방불하다 : 거의 비슷하다.
　다르다 : 비교가 되는 두 대상이 서로 같지 아니하다.

49 ③

윗글에 새의 개체 수에 대한 이야기는 없다.

50 ③

작자는 '문화나 이상을 추구하고 현실화하는 데에는 지식이 필요하다'고 하였다. 이를 볼 때 작자가 문화를 '지식의 소산'으로 여기고 있음을 알 수 있다.

51 ④

고독을 즐기라고 권했으므로 '심실 속에 고독을 채우라'가 어울린다. 따라서 빈칸에 들어갈 알맞은 것은 고독이다.

52 ②

① 씀씀이가 넉넉함
② 소유 · 권력의 범위
③ 사람의 팔목에 달린 손가락과 손바닥이 있는 부분
④ 일손
⑤ 다른 곳에서 찾아온 사람

53 ①

① 서로 마주 보게 되다.
② 비, 눈, 바람 등을 맞게 되다.
③ 관계를 맺다.
④ 산, 강, 길 등이 서로 엇갈리거나 맞닿다.
⑤ 어떤 사실이나 사물을 눈앞에 대하다.

54 ①

① 어떤 장소·시간에 닿음을 의미한다.
②③④⑤ 어떤 정도나 범위에 미침을 의미한다.

---

55 ①

① 어떤 상태를 촉진·증진시키는 것을 의미한다.
②③④⑤ 위험을 벗어나게 하는 것을 의미한다.

---

56 ④

① 비틀즈의 음악은 대중문화이기는 하지만 오랫동안 사랑을 받고 있다.
② 살리에리는 모차르트와 같은 시대에 살며 고급음악을 했던 인물이다.
③ 글을 통해서 알 수 없다.
⑤ 엘비스 프레슬리는 대중음악, 모차르트는 고급음악을 했던 인물이다.

---

57 ②

글을 통해 보면 공동사회는 개인의 권리보다 의무를 강조하고, 시민사회는 개인에게 초점을 맞추지만 공동사회는 집단에 초점을 맞추며, 미래의 시민사회에서는 집단 간의 갈등을 해소하기 위하여 사회공동체를 형성해야 한다는 것을 알 수 있다.

---

58 ①

① 외국인 투자가 더 많은 경우에는 GDP가 증가하므로 GDP가 GNP보다 더 크게 된다.
② 해외투자가 더 많은 경우 GNP가 GDP보다 더 크다.
③ GNP는 한 나라의 국민이 생산한 것을 모두 합한 금액으로, 우리나라 국민이 외국에 진출해서 생산한 것도 GNP에 모두 포함된다.
④ 지문을 통해 알 수 없다.
⑤ GDP는 국내가 기준이고, GNP는 국민이 기준이다.

59   ③

① 인생은 무가치하다는 현인들의 주장은 의견만 일치할 뿐 진리로 볼 수 없다.

② 의견일치는 문제에 대한 의견이 옳았다는 사실을 입증하는 것이 아닌 단편적으로 생리적인 의견일치를 보았다는 사실만 입증한다.

④⑤ 어느 시대에서든 그 시대 최고의 현인들은 인생에 대해 다 똑같은 판단을 내리고 있는 것일 뿐 그 판단이 지혜롭다고는 볼 수 없다.

---

60   ④

④ 모든 영웅 = A, 위대하다 = B, 모든 철학자 = C라 하면, A→B, C→B인데 A→C인 관계가 도출되지 않으므로 잘못된 추론이다.

---

61   ①

① 각박한 현실에 안주하지 못하는 결핍의 현대인들의 동경의 세계를 표현하였다는 점을 미루어 볼 때 당대 사회의 모습을 보여주는 지표가 될 수 있다는 반영론적 관점으로 볼 수 있다.

---

62   ④

(다)에서 화장품 모델이 예로 나오므로 (나)와 (다) 사이에 들어갈 사례로는 ④가 적절하다.

---

63   ⑤

⑤ 상품 자체에 대한 장점을 자랑하는 광고형태를 멀리한다고 하였으므로 적절하지 않다.

---

64   ②

제시된 글의 첫 번째 문장은 영화의 한계성을 언급했으며, 두 번째 문장은 이에 대한 반론을 제기했으므로 영화도 문학과 같이 추상적·관념적 표현이 가능하다는 것에 대한 근거를 제시해야 한다.

65 ④

마지막에 '행복한 가정으로~지혜가 있었다.'를 통해 이 글의 주제를 알 수 있다. 해가 지면 행복한 가정에서 하루의 고된 피로를 풀기 때문에 농부들이 고된 노동에도 긍정적인 삶의 의욕을 보일 수 있다는 내용을 찾으면 된다.

---

66 ③

마지막에 '자기 통치를 공유하기 위해서는 시민들이 어떤 특정한 성품 혹은 시민적인 덕을 이미 갖고 있거나 습득해야 한다'라고 주장하고 있다.

---

67 ③

'이제 더 이상 대중문화를 무시하고 엘리트 문화지향성을 가진 교육을 하기는 힘든 시기에 접어들었다.'가 이 글의 핵심문장이라고 볼 수 있다. 따라서 대중문화의 중요성에 대해 말하고 있는 ③이 정답이다.

---

68 ②

우리의 전통윤리가 정(情)에 바탕으로 하고 있기 때문에 자기중심적인 면이 강하고 공과 사의 구별이 어렵다는 것을 이야기 하고 있다.

---

69 ③

③ '서양 자본주의 문화의 원리와 구조를 정확히 인식하지 못해'라는 문장의 앞부분과 내용의 흐름상 맞지 않는다.

---

70 ④

비발디는 바이올린 협주곡, 바이올린 소나타, 첼로를 위한 3중주곡, 오페라 등을 작곡했다고 했으나 교향곡에 대한 언급은 없으므로, 지문을 통해서는 비발디가 교향곡 작곡가로 명성을 날렸는지 알 수 없다.

71 ⑤

① 1문단의 '한 사회에 살면서 끝내 동료인 줄도 모르고 생활하는 현대적 산업 구조의 미궁'에서 알 수 있다.

② 3~4문단을 통해 알 수 있다.

③ 3문단의 (중략) 뒷 부분을 통해 알 수 있다.

④ 4문단을 통해 알 수 있다.

---

72 ⑤

① 문단의 앞부분에서 문화의 타고난 성품이 기원, 설명, 믿음임을 알 수 있다.

② 마지막 부분에서 신화는 단지 신화일 뿐 역사나 학문, 종교, 예술자체일 수는 없다고 말하고 있다.

③④ 신화는 역사, 학문, 종교, 예술과 모두 관련이 있다.

---

73 ⑤

⑤ 조선 후기의 사회 변화가 국가 전체 문화 동향을 서서히 바꿨다고 말하고 있다.

---

74 ③

첫 번째 문단의 둘째 문장 '그러나 ~뿐입니다.'를 참고하면, 현재는 동편과 서편의 구분이 뚜렷하지 않음을 알 수 있다.

---

75 ①

㈎, ㈏는 동편제, 서편제의 유래에 대해서 서술하고 있다. 그리고, ㈏의 '일제 강점기 때만 하더라도 이러한 지역적 특성을 지닌 판소리가 전승되고 있었습니다'라는 서술을 뒷받침하는 예로 ㈐, ㈑를 제시하였다.

01	02	03	04	05	06	07	08	09	10	11	12	13	14	15	16	17	18	19	20
③	②	①	④	③	③	④	④	④	③	②	③	③	①	④	③	③	④	②	②
21	22	23	24	25	26	27	28	29	30	31	32	33	34	35	36	37	38	39	40
①	②	④	①	③	②	①	③	③	④	③	①	②	①	③	④	①	③	③	④
41	42	43	44	45	46	47	48	49	50	51	52	53	54	55	56	57	58	59	60
④	①	③	③	①	③	②	③	④	④	④	②	①	①	③	②	①	①	①	①

01 ③

A형이 아닐 확률은 $\dfrac{\text{A형이 아닌 학생 수}}{\text{전체 학생 수}} = \dfrac{6+3+4}{20} = \dfrac{13}{20}$ 이다.

02 ②

전체 응시자의 평균을 x 라 하면 합격자의 평균은 $x+25$

불합격자의 평균은 전체 인원 30명의 총점 $30x$ 에서 합격자 20명의 총점 $20 \times (x+25)$ 를 빼준 값을 10으로 나눈 값이다.

즉, $\dfrac{30x - 20 \times (x+25)}{10} = x - 50$

커트라인은 전체 응시자의 평균보다 5점이 낮고, 불합격자의 평균 점수의 2배보다 2점이 낮으므로

$x - 5 = 2(x - 50) - 2$

$x = 97$

응시자의 평균이 97이므로 커트라인은 $97 - 5 = 92$ 점

03 ①

$\times 1$, $\times 2$, $\times 3$, $\times 4$, $\times 5$, $\times 6$의 규칙을 갖는다.

따라서 $48 \times 5 = 240$ 이다.

04 ④

홀수 번째는 $+3$, 짝수 번째는 $\times 3$의 규칙을 갖는다.

따라서 $9 + 3 = 12$ 이다.

05 ③

매출액을 x라 하면, 매출원가는 $0.8x$이고, 이익은 $0.2x$이다.

올해 판매가격은 $0.7x$이고, 동일한 이익 $0.2x$를 창출하기 위해서는 올해 매출원가는 $0.5x$가 되어야 한다. 따라서 매출원가가 $0.8x$에서 $0.5x$로 떨어져야 하므로 원가를 37.5%절감해야 한다.

올해 원가를 a라 놓으면 작년 수익금액=올해 수익금액

$0.2a = 0.7x - a$

$a = 0.5x$

작년 대비 올해 원가= $\dfrac{\text{올해 원가} - \text{작년 원가}}{\text{작년 원가}} \times 100 = \dfrac{0.5x - 0.8x}{0.8x} \times 100 = -37.5\%$

---

06 ③

A팀이 자유투를 성공할 확률이 $\dfrac{70}{100}$이고 B팀이 자유투를 성공할 확률을 $\dfrac{x}{100}$라 하면

A팀과 B팀 모두 자유투를 성공할 확률은 $\dfrac{70}{100} \times \dfrac{x}{100} = \dfrac{70x}{10,000}$

A팀과 B팀 모두 자유투를 실패할 확률은 $\dfrac{30}{100} \times \dfrac{100-x}{100} = \dfrac{3,000-30x}{10,000}$

따라서 $\dfrac{46}{100} = \dfrac{70x}{10,000} + \dfrac{3,000-30x}{10,000} = \dfrac{3,000+40x}{10,000}$

$\therefore\ x = 40$

---

07 ④

A가 이긴 횟수를 a, B가 이긴 횟수를 b라고 하면

$3a - b = 27$, $3b - a = 7$인 연립방정식이 만들어진다.

해를 구하면 a=11, b=6이므로, A는 11회를 이긴 것이 된다.

---

08 ④

$(24 + x + 24 + x) \geq 60 \Rightarrow 2x \geq 12$

$\therefore\ x \geq 6\,(\text{cm})$

09 ④

$$\frac{x}{6} < 45 \implies x < 270$$

$$\frac{x-2}{7} > 38 \implies x - 2 > 266 \implies x > 268$$

$$\therefore 268 < x < 270 \implies x = 269(쪽)$$

---

10 ③

경석이의 속력을 x, 나영이의 속력을 y라 하면

$\begin{cases} 40x + 40y = 200 \implies x + y = 5 \quad \cdots \quad \bigcirc \\ 100(x-y) = 200 \implies x - y = 2 \quad \cdots \quad \bigcirc \end{cases}$ 이므로 두 식을 연립하면 $x = \frac{7}{2}$, $y = \frac{3}{2}$

따라서 경석이의 속력은 나영이의 속력의 $\frac{7}{3}$배이다.

---

11 ②

한 층의 계단 길이가 15m이므로 37층까지의 계단 길이는 $15 \times 36 = 540$m이다.

3.6km/h $= 3,600$m/60분 $= 60$m/분

(시간) $=$ (거리) $\div$ (속력) $= 540 \div 60 = 9$(분)

---

12 ③

③ 제시된 표에는 적정운임 산정기준에 관한 자료가 없으므로 운임을 산정할 수는 없다.

① 표정속도 또는 최고속도를 기준으로 영업거리를 운행하는 데 걸리는 시간을 구할 수 있다.

② 편성과 정원을 바탕으로 차량 1대당 승차인원을 알 수 있다.

④ 영업거리와 정거장 수를 바탕으로 평균 역간거리를 구할 수 있다.

---

13 ③

십의 자리의 숫자를 x, 일의 자리의 숫자를 y라 하면

$\begin{cases} 10x + y = 4(x+y) \\ 10y + x = 10x + y + 27 \end{cases}$

$\therefore x = 3$, $y = 6$이므로 처음의 자연수는 36이다.

14 ①

② 표는 1~6월에 대한 자료이므로 옳지 않다.

③ 미국을 포함한 해외여행의 지출액이다.

④ 국내여행이 아닌 해외여행에 관련된 표이므로 알 수 없다.

---

15 ④

그래프에서는 경찰관 수의 증가율과 범죄 건수의 증가율이 비례적(+)으로 나타나고 있다. 이는 범죄 건수의 감소 원인이 경찰관 수의 증가 때문이 아니라 경찰관 업무 능력의 향상이나 사회적 여건의 변화 등 다른 요인에 의한 것이라고 볼 수 있다.

---

16 ③

그래프는 전년대비 증가율을 나타낸 것이므로 증가율이 (+)인 구간에서의 절대 수치는 증가하고 (−)인 구간에서의 절대 수치는 감소한다.

① 경찰관 수가 가장 많은 해는 2002년이다.

② 범죄 건수가 가장 많은 해는 2003년이다.

④ 2003년부터 경찰관 수는 계속 감소하고 있다.

---

17 ③

㉠ 노인 인구 증가로 노인 유권자가 증가하여 정치적 영향력이 커질 가능성이 높아진다.

㉡ 노인 인구 증가만으로 파악할 수 없다.

㉢ 0~20세 인구 감소를 통해 추론할 수 있다.

㉣ 노인 인구가 크게 증가함에 따라 노인 복지를 위해 사회가 부담해야 하는 비용이 증가할 것이다.

---

18 ④

$$시간 = \frac{거리}{속력}$$

차가 도착하는 데 걸리는 시간은 $\frac{1200m}{10m/s} = 120s$

자전거가 도착하는 시간은 $120s + 3m = 120s + 3 \times 60 = 300s$

자전거의 속력을 x라고 한다면 $300s = \frac{1200m}{x} \rightarrow x = 4$이므로 $x = 4m/s$가 된다.

19 ②

소금의 양 = 소금물의 양 $\times \dfrac{\text{농도}}{100}$

농도가 7%인 소금물에서 소금의 양은 $400 \times \dfrac{7}{100} = 28\text{g}$이다.

따라서 물 150g을 첨가한 소금물의 농도는 $\dfrac{28}{400+150} \times 100 = \dfrac{28}{550} \times 100 = 5.1$

---

20 ②

코코아가 판매된 잔의 수를 x라 하면 커피는 $60-x$잔이 판매된 것이므로
$300 \times (60-x) + 400x = 19{,}800 \Rightarrow 18{,}000 - 300x + 400x = 19{,}800 \Rightarrow 100x = 1{,}800$
$\therefore x = 18$

---

21 ①

작년 남학생 수를 x, 여학생 수를 y라 하고
작년과 금년의 학생 수를 표로 나타내면 다음과 같다.

구분	작년	금년
남	x	$x + x \times \dfrac{3}{100}$
여	y	$y - y \times \dfrac{4}{100}$
합계	550	549

$\begin{cases} x+y=550 \\ \dfrac{103x}{100} + \dfrac{96y}{100} = 549 \end{cases} \Rightarrow \begin{cases} x+y=550 \\ 103x+96y=54{,}900 \end{cases} \Rightarrow \begin{cases} 103x+103y=56{,}650 \\ 103x+96y=54{,}900 \end{cases}$

두 식을 연립하여 풀면 $y = 250$이므로 금년의 여학생 수는 $250 - 250 \times \dfrac{4}{100} = 240$(명)이다.

22 ②

각각의 금액을 구해보면 다음과 같다.

10월 생활비 300만 원의 항목별 비율

구분	교육비	식료품비	교통비	기타
비율(%)	40	40	10	10
금액(만 원)	120	120	30	30

〈표 1〉 교통비 지출 비율

교통수단	자가용	버스	지하철	기타	계
비율(%)	30	10	50	10	100
금액(만 원)	9	3	15	3	30

〈표 2〉 식료품비 지출 비율

항목	육류	채소	간식	기타	계
비율(%)	60	20	5	15	100
금액(만 원)	72	24	6	18	120

① 식료품비에서 채소 구입에 사용한 금액 : 24만 원

  교통비에서 지하철 이용에 사용한 금액 : 15만 원

② 식료품비에서 기타 사용 금액 : 18만 원

  교통비의 기타 사용 금액 : 3만 원

③ 10월 동안 교육비에는 총 120만 원을 지출했다.

④ 교통비에서 자가용과 지하철을 이용한 금액을 합한 것 : 9+15＝24(만 원)

  식료품비에서 채소 구입에 지출한 금액 : 24만 원

---

23 ④

9월 생활비 350만 원의 항목별 금액은 다음과 같다.

구분	교육비	식료품비	교통비	기타
비율(%)	40	40	10	10
금액(만 원)	140	140	35	35

10월에 식료품비가 120만 원이므로 9월에 비해 20만 원 감소하였다.

24 ①

시속 2km로 달린 시간을 t라 하면 시속 4km로 달린 시간은 $1.5-t$가 된다.

(거리)＝(속력)×(시간)이므로

$5 = 4 \times (1.5 - t) + 2t$

$\therefore t = 0.5$

따라서 시속 2km로 달린 거리는 $2 \times 0.5 = 1(\text{km})$이다.

---

25 ③

(앞, 앞), (앞, 뒤), (뒤, 앞), (뒤, 뒤) 네 가지 경우가 가능하다.

기댓값은 $\dfrac{1}{4} \times (200 + 200) + \dfrac{1}{2} \times (200 + 50) + \dfrac{1}{4} \times (50 + 50) = 100 + 125 + 25 = 250(원)$

---

26 ②

8명이 60시간을 일하는 경우 총 일의 양은 480이다.

480을 36으로 나누면 13.333…이 되므로 총 14명이 필요하다.

따라서 추가로 필요한 인원은 6명이다.

---

27 ①

$100 - 11.8 - 31.6 - 34.6 - 4.8 = 17.2(\%)$

---

28 ③

중량을 백분율로 표시한 것이므로 각각 중량의 단위로 바꾸면, 탄수화문 31.6g, 단백질 34.6g, 지방 17.2g, 회분 4.8g이 된다. 모두 합하면 총 중량은 88.2g이 된다.

단백질 중량의 백분율을 구하면, $\dfrac{34.6}{88.2} \times 100 ≒ 39.229$이므로 39.23이 된다.

29 ③

우유의 회분 중에 0.02%가 미량성분이므로 $0.8 \times \dfrac{0.02}{100} = 0.00016\,(\%)$가 된다.

이것을 다시 나타내면 $\dfrac{1.6}{10,000}$ 이므로, $1.6 \times 10^{-4}\,(\%)$가 된다.

---

30 ④

㉠ $\dfrac{168}{240} \times 100 = 70\,(\%)$

㉡ $200 \times 0.36 = 72\,(명)$

---

31 ③

$A = 0.1 \times 0.2 = 0.02 = 2(\%)$
$B = 0.3 \times 0.3 = 0.09 = 9(\%)$
$C = 0.4 \times 0.5 = 0.2 = 20(\%)$
$D = 0.2 \times 0.4 = 0.08 = 8(\%)$
$\therefore A+B+C+D = 39(\%)$

---

32 ①

2010년 A지점의 회원 수는 대학생 10명, 회사원 20명, 자영업자 40명, 주부 30명이다. 따라서 2005년의 회원 수는 대학생 10명, 회사원 40명, 자영업자 20명, 주부 60명이 된다. 이 중 대학생의 비율은 $\dfrac{10명}{130명} \times 100\,(\%) \fallingdotseq 7.69\%$가 된다.

---

33 ②

B지점의 대학생이 차지하는 비율 $= 0.3 \times 0.2 = 0.06 = 6(\%)$
C지점의 대학생이 차지하는 비율 $= 0.4 \times 0.1 = 0.04 = 4(\%)$
B지점 대학생수가 300명이므로 $6 : 4 = 300 : x$
$\therefore x = 200(명)$

34 ①

㉠ 복지 관련 부문별 비중의 순위는 그대로 유지되었다.

㉡ 비중이 가장 높을 때와 가장 낮을 때의 차이가 가장 큰 것은 사회 복지 서비스이다.

---

35 ③

① 외국인과의 결혼 비율은 점점 증가하고 있다.

② 1990년부터 1998년까지는 총 결혼건수가 감소하고 있었다.

④ 한국 남자와 외국인 여자의 결혼건수 증가율이 한국 여자와 외국인 남자의 결혼건수 증가율보다 훨씬 높다.

---

36 ④

① 1990년 : $\dfrac{4,710}{399,312} \times 100 \fallingdotseq 1.18\,(\%)$ ② 1994년 : $\dfrac{6,616}{399,121} \times 100 \fallingdotseq 1.68\,(\%)$

③ 1998년 : $\dfrac{12,188}{375,616} \times 100 \fallingdotseq 3.24\,(\%)$ ④ 2002년 : $\dfrac{15,193}{306,573} \times 100 \fallingdotseq 4.96\,(\%)$

---

37 ①

2월 : 103,700원

3월 : 69,900원

4월 : 71,300원

5월 : 35,400원

6월 : 76,800원

---

38 ③

③ 노트의 판매실적이 가장 적은 달 : 6월, 지우개의 판매실적이 가장 적은 달 : 2월

39 ③

50명의 인원이 2할을 할인 받는 경우의 입장료는 $50 \times 500 \times \dfrac{80}{100} = 20,000$ (원)이다.

공원에 입장하는 인원을 x명이라 하면 $500x > 20,000$에서

최소 41명부터 단체권을 사는 것이 유리하다.

---

40 ④

보트의 속력이 A, 강물의 속력이 B이므로

$\begin{cases} 1.5 \times (A - B) = 12 \\ 1 \times (A + B) = 12 \end{cases}$에서 두 식을 연립하면

A=10(km/h), B=2(km/h)가 된다.

---

41 ④

④ 2008년은 2007년 대비 이혼건수는 21,800건 증가하였다.

---

42 ①

① 매학년 대학생 평균독서시간 보다 높은 대학이 B대학이고 3학년의 독서시간이 가장 낮은 대학은 C대학이므로 ㉠은 C, ㉡은 A, ㉢은 D, ㉣은 B가 된다.

---

43 ③

③ B대학은 2학년의 독서시간이 1학년보다 줄었다.

---

44 ③

㉠ 10대, 20대의 경우 해당하지 않는다.
㉣ 그래프의 결과만으로는 10대가 양이 많은 음식점을 선호하는지 알 수 없다.

45 ①

여성 독신자 수 : $250,000 \times 0.42 \times 0.42 = 44,100$(명)

$44,100 \times 0.07 = 3,087$(명)

---

46 ③

③ 각 도시의 여성독신인구는 A도시가 44,100명, B도시가 64,077명, C도시가 55,272명, D도시가 102,144명이다.

---

47 ②

② 전년 대비 증가율은 모든 연도에서 C가 D보다 높다.

---

48 ③

① A반 평균 $= \dfrac{(20 \times 6.0) + (15 \times 6.5)}{20 + 15} = \dfrac{120 + 97.5}{35} \fallingdotseq 6.2$

　B반 평균 $= \dfrac{(15 \times 6.0) + (20 \times 6.0)}{15 + 20} = \dfrac{90 + 120}{35} = 6$

② A반 평균 $= \dfrac{(20 \times 5.0) + (15 \times 5.5)}{20 + 15} = \dfrac{100 + 82.5}{35} \fallingdotseq 5.2$

　B반 평균 $= \dfrac{(15 \times 6.5) + (20 \times 5.0)}{15 + 20} = \dfrac{97.5 + 100}{35} \fallingdotseq 5.6$

③④ A반 남학생 $= \dfrac{6.0 + 5.0}{2} = 5.5$

　B반 남학생 $= \dfrac{6.0 + 6.5}{2} = 6.25$

　A반 여학생 $= \dfrac{6.5 + 5.5}{2} = 6$

　B반 여학생 $= \dfrac{6.0 + 5.0}{2} = 5.5$

49 ④

① 청년층 중 사형제에 반대하는 사람 수(50명) > 장년층에서 반대하는 사람 수(25명)

② B당을 지지하는 청년층에서 사형제에 반대하는 비율 : $\dfrac{40}{40+60}=40\%$

B당을 지지하는 장년층에서 사형제에 반대하는 비율 : $\dfrac{15}{15+15}=50\%$

③ A당은 찬성 150, 반대 20, B당은 찬성 75, 반대 55의 비율이므로 A당의 찬성 비율이 높다.

④ 청년층에서 A당 지지자의 찬성 비율 : $\dfrac{90}{90+10}=90\%$

청년층에서 B당 지지자의 찬성 비율 : $\dfrac{60}{60+40}=60\%$

장년층에서 A당 지지자의 찬성 비율 : $\dfrac{60}{60+10}≒86\%$

장년층에서 B당 지지자의 찬성 비율 : $\dfrac{15}{15+15}=50\%$

따라서 사형제 찬성 비율의 지지 정당별 차이는 청년층보다 장년층에서 더 크다.

---

50 ④

① $\dfrac{18,403,373}{44,553,710}\times100≒41.37(\%)$

② $\dfrac{10,604,212}{17,178,526}\times100≒61.73(\%)$

③ $\dfrac{15,748,774}{47,041,434}\times100≒33.48(\%)$

④ $\dfrac{11,879,849}{18,403,373}\times100≒64.55(\%)$

---

51 ④

① 0~9세 아동 인구는 점점 감소하고 있으므로 전체 인구수의 증가 이유와 관련이 없다.

② 연도별 25세의 인구수는 각각 26,150,337명, 28,806,766명, 31,292,660명으로 24세 이하의 인구수 보다 많다.

③ 전체 인구 중 10~24세 사이의 인구가 차지하는 비율은 약 26.66%, 23.06%, 21.68%로 점점 감소하고 있다.

52 ②

① 연도별 자동차 수 = $\dfrac{\text{사망자 수}}{\text{차 1만대 당 사망자 수}} \times 10,000$

② 운전자수가 제시되어 있지 않아서 운전자 1만명 당 사고 발생 건수는 알 수 없다.

③ 자동차 1만대 당 사고율 = $\dfrac{\text{발생건수}}{\text{자동차 수}} \times 10,000$

④ 자동차 1만대 당 부상자 수 = $\dfrac{\text{부상자 수}}{\text{자동차 수}} \times 10,000$

---

53 ①

처음 자연수의 십의 자리 숫자를 a, 일의 자리 숫자를 b라 하면

$a+b=11$, $10b+a=(10a+b) \times 3 + 5$이므로 두 식을 연립하면 $a=2$, $b=9$이다.

따라서 처음의 자연수는 29이다.

---

54 ①

선분 PQ의 길이를 x, 선분 QB의 길이를 y라 하면

$x+y=38-13=25 \implies y=25-x \cdots \text{㉠}$

삼각형의 한 변의 길이는 다른 두 변의 길이의 합보다 작아야 하므로

$y-13 < x < y+13 \cdots \text{㉡}$

㉠을 ㉡에 대입하면

$12-x < x < 38-x \implies 12 < 2x < 38 \implies 6 < x < 19$

$x=7,\ 8,\ 9,\ \cdots,\ 18$

따라서 자연수 x의 개수는 12개다.

55 ③

기차가 출발하는 시각까지 남아 있는 1시간 30분 중에서 선물을 고르는 데 걸리는 시간 15분을 뺀 1시간 15분 동안 다녀올 수 있는 곳을 구한다.

(1시간 15분)=(1.25시간)

시속 3km로 각 상점까지 왕복으로 다녀올 때 걸리는 시간을 구하면

상점	왕복거리	걸리는 시간
꽃집	3.6km	$\frac{3.6}{3}=1.2$시간
시계방	4km	$\frac{4}{3}=1.333\cdots$시간
옷집	3.8km	$\frac{3.8}{3}=1.266\cdots$시간
문구점	3.4km	$\frac{3.4}{3}=1.133\cdots$시간
서점	3.7km	$\frac{3.7}{3}=1.233\cdots$시간

따라서 살 수 있는 선물의 종류는 꽃, 학용품, 책 3가지이다.

---

56 ②

① 제시된 자료로는 60대 인구가 스트레스 해소로 목욕·사우나를 하는지 알 수 없다.

③ 60대 인구가 건강을 위해 여가활동을 보내는 비중이 2007년에 증가하였고 2008년은 전년과 동일한 비중을 차지하였다.

④ 여가활동을 목욕·사우나로 보내는 비율이 60대 인구의 여가활동 가운데 가장 높다.

---

57 ①

$$\frac{x}{25\text{만}} \times 100 = 52\%$$

$$x = 13\text{만 명}$$

---

58 ③

$545 \times (0.43 + 0.1) = 288.85 \rightarrow 289$건

59 ①

$244 \times 0.03 = 7.32$건

---

60 ①

① 20대 이하 인구가 3개월간 1권 구입한 일반도서량은 2007년과 2009년 전년에 비해 감소했다.

공간능력

01	02	03	04	05	06	07	08	09	10	11	12	13	14	15	16	17	18	19	20
②	④	①	③	④	②	①	②	④	①	③	②	④	④	③	③	①	②	③	①
21	22	23	24	25	26	27	28	29	30	31	32	33	34	35	36	37	38	39	40
③	③	②	③	①	②	③	①	①	③	④	①	②	③	④	①	②	③	①	①
41	42	43	44	45	46	47	48	49	50	51	52	53	54						
③	②	②	③	④	①	④	③	④	④	①	④	①	②						

01 ②

02 ④

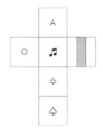

03 ①

04 ③

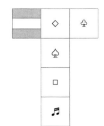

05 ④

06 ②

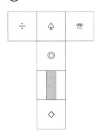

07 ①

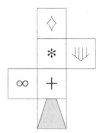

08 ②

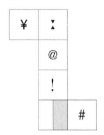

09 ④

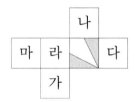

10 ①

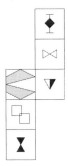

11 ③

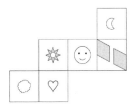

12 ②

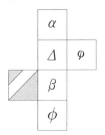

13 ④

①   ②   ③

14 ④

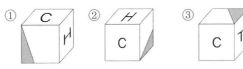

15 ③

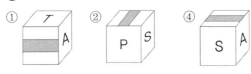

16 ③

17 ①

18 ②

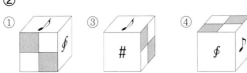

19 ③

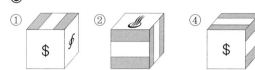

20 ①

21 ③

22 ③

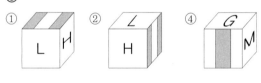

23 ②

24 ③

25 ①

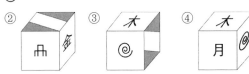

26 ②

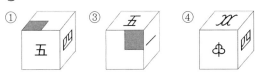

27 ③

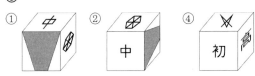

28 ①

바닥면부터 블록의 개수를 세어 보면, 12+7+5+2+1=27개이다.

29 ①

바닥면부터 블록의 개수를 세어 보면, 14+8+5+2+1=30개이다.

30　③

바닥면부터 블록의 개수를 세어 보면, 11 + 9 + 4 + 1 = 25개이다.

31　④

바닥면부터 블록의 개수를 세어 보면, 10 + 8 + 5 + 1 = 24개이다.

32　①

바닥면부터 블록의 개수를 세어 보면, 9 + 3 + 1 = 13개이다.

33　②

바닥면부터 블록의 개수를 세어 보면, 10 + 6 + 1 = 17개이다.

34　③

바닥면부터 블록의 개수를 세어 보면, 13 + 7 + 4 + 1 = 25개이다.

35　④

바닥면부터 블록의 개수를 세어 보면, 10 + 7 + 6 + 1 = 24개이다.

36　①

바닥면부터 블록의 개수를 세어 보면, 9 + 4 = 13개이다.

37　②

바닥면부터 블록의 개수를 세어 보면, 11 + 4 + 2 = 17개이다.

38 ③

바닥면부터 블록의 개수를 세어 보면, 11 + 5 + 4 + 2 = 22개이다.

---

39 ①

바닥면부터 블록의 개수를 세어 보면, 16 + 6 + 2 + 1 = 25개이다.

---

40 ①

바닥면부터 블록의 개수를 세어 보면, 13 + 4 + 2 = 19개이다.

---

41 ③

바닥면부터 블록의 개수를 세어 보면, 20 + 6 + 1 = 27개이다.

---

42 ②

바닥면부터 블록의 개수를 세어 보면, 14 + 6 + 2 + 1 = 23개이다.

---

43 ②

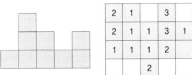

2	1		3	
2	1	1	3	1
1	1	1	2	
		2		

뒤쪽에서 본 모습　정면 위에서 본 모습

44 ③

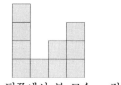

3		1	3
2	1	1	4
1	2		4

뒤쪽에서 본 모습   정면 위에서 본 모습

---

45 ④

3		4
3	1	
3		2
	1	
2		1

왼쪽에서 본 모습   정면 위에서 본 모습

---

46 ①

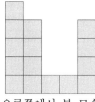

3		4
	1	1
		1
4	1	2
5		1

오른쪽에서 본 모습   정면 위에서 본 모습

---

47 ④

4	3	2	4
	1		1
	2		3
			1
5			2

오른쪽에서 본 모습   정면 위에서 본 모습

48 ③

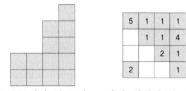

오른쪽에서 본 모습　　정면 위에서 본 모습

5	1	1	1
	1	1	4
		2	1
2			1

49 ④

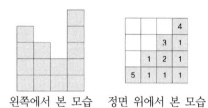

왼쪽에서 본 모습　　정면 위에서 본 모습

			4
		3	1
	1	2	1
5	1	1	1

50 ④

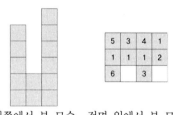

왼쪽에서 본 모습　　정면 위에서 본 모습

5	3	4	1
1	1	1	2
6		3	

51 ①

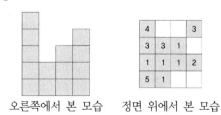

오른쪽에서 본 모습　　정면 위에서 본 모습

4			3
3	3	1	
1	1	1	2
5	1		

52 ④

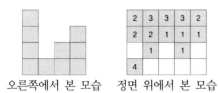

오른쪽에서 본 모습 　정면 위에서 본 모습

53 ①

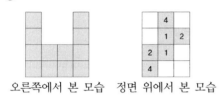

오른쪽에서 본 모습 　정면 위에서 본 모습

54 ②

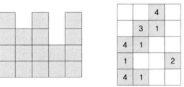

왼쪽에서 본 모습 　정면 위에서 본 모습

지각속도

01	02	03	04	05	06	07	08	09	10	11	12	13	14	15	16	17	18	19	20
①	①	②	①	②	①	②	①	①	②	②	①	①	①	①	②	④	②	④	③
21	22	23	24	25	26	27	28	29	30	31	32	33	34	35	36	37	38	39	40
②	③	①	②	①	②	②	③	③	③	①	①	①	①	②	②	②	②	②	②
41	42	43	44	45	46	47	48	49	50	51	52	53	54	55	56	57	58	59	60
②	②	②	①	①	②	①	②	②	②	①	④	①	③	①	③	④	①	②	②
61	62	63	64	65	66	67	68	69	70	71	72	73	74	75	76	77	78	79	80
①	②	②	③	②	④	③	③	①	②	②	①	③	①	④	②	④	①	②	②
81	82	83	84	85	86	87	88	89	90										
②	②	②	①	①	①	①	①	①	②										

01 ①

a = 어, h = 디, c = 가, f = 시, e = 나

02 ①

e = 나, h = 디, b = 야, c = 가, d = 즈, b = 야

03 ②

g = 마, b = 야, c = 가, a = 어, h = 디, c = 가, d = 즈, e = 나

04 ①

ㅇ = s, ㄴ = i, ㄷ = l, ㅊ = v, ㄱ = e, ㅅ = r

05 ②

ㅊ = v, ㄱ = e, ㅅ = r, ㅇ = s, ㄴ = i, ㅂ = o, ㅁ = n

06 ①

ㄷ = l, ㄴ = i, ㄹ = m, ㄴ = i, ㅈ = t

---

07 ②

ⓞ=1, ㉠=2, ㉢=3, ㉣=4, ㉦=5, ㉤=6

---

08 ①

㉧=8, ㉦=5, ㉰=0, ⓞ=1, ㉰=0, ㉢=3

---

09 ①

ⓞ=1, ㉣=4, ㉧=8, ㉨=9, ㉠=2, ㉤=6

---

10 ②

a=ㄱ, h=ㅇ, f=ㅂ, c=ㄷ, d=ㄹ

---

11 ②

i=ㅈ, h=ㅇ, e=ㅁ, f=ㅂ, g=ㅅ, b=ㄴ, c=ㄷ

---

12 ①

h=ㅇ, f=ㅂ, b=ㄴ, c=ㄷ, a=ㄱ, g=ㅅ

---

13 ①

5=미, 8=스, 2=진, 3=선, 5=미

14 ①

6＝을, 5＝미, 1＝사, 9＝병, 0＝유, 2＝진

---

15 ①

4＝갑, 7＝리, 0＝유, 3＝선, 5＝미

---

16 ②

512096**4**5291312870**45**3**4**9732**4**2505070**4**23302

---

17 ④

새로운 연구를 통해 **생**명체의 운동에 관한 또 다른 인**식**

---

18 ②

여**름**철에는 음식**물을** 꼭 끓여 먹자

---

19 ④

a dr**o**p in the **o**cean high t**o**p h**o**pe little

---

20 ③

2a－b＋－sqrtb^**2**－4ac***2**fmrhqtown

---

21 ②

🔔📖📑📇📠✏☎🕐✉📁😠😊🔊✈☼⚕✠☾

22 ③

<u>여</u>러분모두합격<u>을</u>기<u>원</u>합니다<u>열공</u>하세<u>요</u>

---

23 ①

↘↗↕↔↓→↔↓↑⇐→↑↘↕↓↑→↓↔↕

---

24 ②

三二下丁人中三一丨三上下中四二三三

---

25 ①

thinkistrickonyouchintingsitmust

---

26 ②

火斤气斗文支文=气**水**爻爿木月彐弓弋爿爻

---

27 ②

8<u>5</u>264793810231469875<u>5</u>09<u>5</u>173682403146725<u>5</u>980

---

28 ③

3.Ⓤ(n)(j)(y)ⒸⒻⒾⒶⓄⓌⒻ(z)11.(11)⑳

---

29 ③

맔만립맔맆릿**맔**릿린릀룻류만**맔**맺

30 ③

매스**미**디어의 선구자 **마**셜 **맥**루언은 **매**체가 **메**시지다라고 하였다

---

31 ①

A = 예, P = 늪, W = 특, G = 표, J = 활

---

32 ①

D = 약, S = 도, D = 약, O = 글, Q = 유

---

33 ①

F = 해, G = 표, J = 활, A = 예, S = 도

---

34 ①

$2 = x^2$, $0 = z^2$, $9 = l^2$, $5 = k$, $4 = z$

---

35 ②

$3\ 7\ 4\ 6\ 1 - \underline{k^2}\ l\ z\ x\ y^2$

---

36 ②

$8\ 1\ 5\ 2\ 0 - y\ y^2\ k\ \underline{x^2}\ z^2$

---

37 ②

강 서 이 김 진 $-$ Ⅷ Ⅱ **Ⅹ** Ⅰ Ⅸ

---

38 ②

박 윤 도 신 표 – Ⅵ Ⅲ Ⅻ Ⅳ **Ⅴ**

39 ②

신 이 서 강 윤 – Ⅳ Ⅹ Ⅱ **Ⅷ Ⅲ**

40 ②

a 2 j p 1 – 울 둘 줄 **룰** 툴

41 ②

5 3 k q 7 – 술 **뭏 굴** 쿨 불

42 ②

1 j k p 3 – 툴 줄 **굴** 룰 **뭏**

43 ②

행 보 병 참 급 – ◗ ♥ ◎ △ **♣**

44 ①

군 = ○, 통 = ▽, 정 = ◈, 군 = ○, 부 = ★

45 ①

병 = ◎, 정 = ◈, 행 = ◗, 신 = ▶, 보 = ♥

46 ②

一 四 二 七 九 – 아 게 요 **기** 구

47 ①

五 = 이, 八 = 오, 十 = 가, 三 = 우, 六 = 에

48 ②

七 二 六 八 一 – 기 요 **에** 오 아

49 ②

j O C h b – ∡ ± ÷ ≒ +

50 ②

N E W a j – ‰ Σ ≤ × ∡

51 ①

f = ∪, b = +, h = ≒, f = ∪, N = ‰

52 ④

46791388**55**2764913276136489665**5**4788**5**

53 ①

단낫남반문서소목명비상서**눕**소속말서소끝동

54 ③

㎜㏄㏊≡㏊㎧㎜㎝㎖≡≡㏊㎖㎗㏊㎝㎜㎝㏊

55 ①

◇✕■◇✕◇◈✕◇■◇✕◇◇◈✕◇⊕✕◇◇◇✕◇◇✕◇

56 ③

✳⊟◎⊗⊖✳⊟⊕⊗⊖✳⊕◎◎⊘⊗⊗⊖⊕⊟⊕◎

57 ④

◫⬚⬚⬚⬚⬚◫I⬚⬚⬚⬚⬚◫⬚⬚⬚⬚⬚⬚◫⬚⬚⬚⬚◫⬚⬚⬚◫

58 ①

㎜㎊㎕£€₩₫₱₩℞₩㎚₫€₮₩℞₩₫

59 ②

ㅇ㉠ㅂㅐㅌㅎㅗㅅㅏㅋㅇㅊㅓㅌㅋㅗㅅㅏㅎㅗㅌㅂㅐㅛㅇㅅㅑㅎ

60 ②

㉦㎀㎆㎅㎆ㅌC㉦㎆㎅㎆ㅌC㏈Cㅏㅅㅂㅇ㎅Cㅛ㉦㎅㏈CㅏㅅㅌㅂC㎩

61 ①

Ɪ Ʀ Ҷ ∧ N Ԍ Ψ Ҷ ʍ N Ԍ Ɛ ₴ ᒋ Ɓ ∧ N Ԍ ∏ Ҷ

62 ②

◎▨◇▮◎▷◎▨▽◍▭◯◎ ▮▽▭▮▨▮▤◎▰◍▨

63 ②

●◐◗◔◖◐○◑◖◐○◗◓◗○◑◐◗◐◔◑○

64 ③

℧Ω⊠◉◖☆⊠♂◻☏♗◗◉♗◖♗☆⊠☑◻♗◠◉◖◻☆

65 ②

♆♆ℰ☜◊♏♆♆ℏ♆♆ᎧᏧⅡ☜◊ℑ♏ℏ♆♆☜♆◊♏

66 ④

⊡⊡⊡⊡⊠⊡⊡⊡⊡⊡⊡⊡⊠⊡○⊡⊡⊙⊡⊡⊡⊡

67 ③

ㄗㄚㄨㄐㆆㄍㄝㄚㄨㄛㆆㄨㄧㄍㄚㄨㄇㄍㄦㆆㄞㄍㄗ

68 ③

✈◉❄◗◐♗✠✦◐◑✿◖☀❋✝◗◐◑♭℘✿◖☺✿◐❀✿❋℘ϒ

69 ①

≦≠✕≢≃✗≠=≔≟≃≕늘≦

250 ▎PART 04. 정답 및 해설

70 ②

∪ ∬ ∈ ∄ 𝓩 Σ ∀ ∩ ∯ ⨉ ⊤ ✳ 𝓩 ∈ △

71 ②

%#@&¡&@*%#^¡@$^~+−₩

72 ①

오른쪽에 $\frac{3}{2}$ 이 없다.

73 ③

𝄞 ♪ ♯ ♪ ♫♬ ♪ ♩ ♪♫ ♩ ♪ ♪ 𝄽 ♫

74 ①

the뭉크韓中日rock셔틀bus피카소%3986as5$₩

75 ④

dbrrn**s**gorn**s**rhdrn**s**qntkrhk**s**

76 ②

$x^3 \underline{x^2} z^7 x^3 z^6 z^5 x^4 \underline{x^2} x^9 z^2 z^1$

77 ④

두 쪽**으로** 깨뜨**려**져도 소**리**하지 않는 바위가 되**리라**.

78 ①

Listen to the song here in my he**a**rt

---

79 ②

PCWEPGQSPO − 34123**8**7635

---

80 ②

GOPSWECOPS − 85361**24**536

---

81 ②

Z Y V R Q − F11 F3 F7 F5 **F8**

---

82 ②

A C E H K − F12 F1 F2 **F4 F9**

---

83 ②

M J Z C Q − F10 **F6** F11 F1 F8

---

84 ①

V = F7, Y = F3, K = F9, A = F12, E = F2

---

85 ①

R = F5, H = F4, E = F2, C = F1, Y = F3

86 ①

(타) = ⋔, (가) = ฿, (차) = ฿, (자) = ✚, (아) = ✕

87 ①

(사) = ✕, (바) = ⚥, (마) = ♄, (라) = ✺, (다) = ⋈

88 ①

(나) = Þ, (가) = ↕, (라) = ✺, (바) = ⚥ (아) = ✕

89 ①

(가) = ฿, (나) = Þ, (차) = ฿, (다) = ⋈, (바) = ⚥

90 ②

(사)(마)(다)(자)(차) – ✕♄⋈✚฿

한국사

01	02	03	04	05	06	07	08	09	10	11	12	13	14	15	16	17	18	19	20
②	①	①	③	③	②	④	④	②	③	④	③	①	③	④	④	①	④	②	②
21	22	23	24	25	26	27	28	29	30										
④	②	③	②	②	③	②	④	④	③										

01 ②

제시된 자료는 1876년 2월 일본과 체결된 강화도 조약의 일부이다.

ⓒ 강화도조약 체결 이후 부산 외에 원산, 인천을 개항하였다.

ⓓ 제물포 조약(1882)과 관련된 내용이다.

02 ①

① 1894년 1월 전봉준이 군수 조병갑의 학정에 항거하여 1천 명의 농민군을 이끌고 고부 관아를 습격하였는데, 이를 고부 농민 봉기라고 한다. 황토현 전투는 1차 봉기 때 있었던 사실이다.

② 농민군은 1차 봉기 후 백산에서 호남창의소를 조직하고, 농민 봉기를 알리는 격문을 발표하였다. 이에 농민들이 다양하게 합류해 오자 지휘부는 농민군 4대 강령을 선포하였다.

③ 동학 농민군은 정부와 폐정개혁을 조건으로 전주 화약을 체결하였다. 주요 내용은 탐관오리의 숙청, 부패한 양반 토호의 징벌, 봉건적 신분 차별의 폐지, 농민 수탈의 구조적 원인이었던 각종 잡세의 폐지와 농민 부채의 혁파 등이었다.

④ 동학 농민군은 일본군의 경복궁 점령과 내정 간섭에 맞서 2차 봉기하였지만, 공주 우금치 전투에서 패배하고 말았다.

03 ①

일제는 1920년대의 소작료 인하와 소유권 이전 반대와 같은 농민들의 생존권을 위한 정당한 요구도 탄압하였다. 이에 농민들은 1920년대의 단순한 경제적 투쟁을 일제의 식민지 지배에 저항하는 정치적 성격의 운동으로 전환시켰다.

②③ 1930년대 이후의 소작쟁의는 일제의 수탈에 저항하는 민족운동의 성격을 띠면서 더욱 격렬해져 갔다.

④ 조선농민총동맹은 1927년에 결성되었다.

04　③

㉠은 신간회이다. 1927년 민족 유일당 운동으로 결성된 신간회는 농민 운동, 노동 운동, 학생 운동 등 각계 각층에서 전개된 사회 운동을 지원하였다.

05　③

일제는 1910년 회사령을 발표하여 조선인의 회사 설립을 억제하면서 자본축적이 불충분한 단계에서 본국 기업의 진출을 도모하고자 하였다. 이런 이유로 한국인 노동자들은 극심한 착취와 학대 속에서 '생산수단'으로 이용, 전락될 수밖에 없었다. 일제는 1930년대에 한국 노동자의 임금을 더욱 인하하고 노동시간을 연장하였으며 각종 부담금을 강제로 징수하였다. 그리하여 노동자들의 생활은 급격히 악화되었고 계속적인 파업이 발생하였으며, 마침내 노동자들은 지하조직을 갖춘 노동조합을 결성하여 지속적으로 노동쟁의를 전개하였다. 일제의 탄압으로 약화되기도 하였지만 1930년대 이후로도 노동쟁의는 계속 일어났다.

※ 일제강점기 노동쟁의의 변화 추이

일반적 노동쟁의	➡	혁명적 노동운동
임금 인상	➡	항일 민족 운동
노동조건 개선	➡	8시간 노동제 쟁취
해고 반대	➡	노동계급 해방
임금 인하 반대	➡	일본제국주의 타도

06　②

송진우, 김성수 등 민족주의 우파계열은 건국준비위원회에 참여하지 않았다.

07　④

'보빙사'는 1883년(고종 20) 최초로 미국에 파견된 사절단이며 조·미수호통상조약의 체결 후 이듬해 공사 푸트(Foote, L.H.)가 내한하자 이에 대한 답례와 양국 간 친선을 위하여 사절을 파견하였다. 구성원은 전권대신 민영익, 서광범, 미국인 로웰 등 모두 11인이었다.

㉠ 청나라에 파견한 영선사가 통리기무아문 설치에 영향을 주었다.
㉢ 조·미수호통상조약에 관한 내용이다.

08 ④

1차 미소공동위원회(1946.3.26~5.6)와 2차 미소공동위원회(1947.5.21~10.21)의 사이에 나타난 사건으로는 위조지폐사건(1946.5.15), 김규식, 안재홍, 여운형의 좌우합작운동(1946.7.25), 대구인민항쟁(1946.10) 등이 있다.

09 ②

독립협회의 헌의6조에 관한 자료이다. 만민공동회의 규탄을 받던 보수정부가 무너지고 개혁파인 박정양이 정권을 장악하자 독립협회는 관민공동으로 국정개혁을 선언할 필요가 있다고 판단했다. 전제군주제를 입헌군주제로 바꿀 것을 목표로 하는 헌의 6조라는 건의문을 채택하여 국왕의 실시 동의까지 받았으나 실현되지 못하였다.
ⓛ 대한자강회에 대한 설명이다.
ⓒ 황무지개간권의 철회 운동은 보안회의 활약상이다.

10 ③

경부 고속 국도와 포항 종합 제철 공장 모두 제2차 경제 개발 5개년 계획 시기에 건설되기 시작하였다. 두 공사는 일본에서 들어온 청구권 자금과 베트남 특수로 인한 수출에 힘입어 진행되었다.

11 ④

④ 김좌진의 북로 군정서군이 청산리 대첩을 승리로 이끌었다.

12 ③

자료는 미국의 경제 원조에 해당한다. 미국은 6·25 전쟁 직후 농산물 중심의 경제 원조를 하였다. 이러한 상황에서 농산물 가격이 하락하면서 농촌 경제는 타격을 받았으나, 원조 농산물을 가공하는 삼백 산업이 발달하게 되었다.

13 ①

제시된 자료는 1972년 10월 17일 박정희 정부가 선포한 비상 계엄의 일부 내용이다. 이를 통해 박정희 정부는 국민들의 기본권을 제한하고, 대통령에게 초법적 권한을 부여하는 유신 체제의 시작을 알린다. 개정 당시 유신 헌법의 기본적인 성격은 '조국의 평화적 통일 지향', '실질적인 경제적 평등을 이룩하기 위한 자유 경제 질서의 확립, 자유와 평화 수호의 재확인'이라 하였다. 그러나 사실상 유신 헌법은 박대통령의 장기 집권을 위한 개헌이었고, 국민의 기본권 침해, 권력구조상에 있어 대통령 권한의 비대로 독재를 가능하게 한 헌법이었다.

① 국가재건최고회의는 1961년 5 · 16 군사정변 직후 입법 · 사법 · 행정의 3권이 집중되었던 과도 군사정권의 최고통치기구이다.

---

14 ③

① 붕당 정치의 폐단을 방지하기 위해 서원을 정리
② 환곡의 문란을 개혁하기 위해 사창제 실시
④ 경복궁 중건 비용 충당을 위한 화폐

15 ④

㉮ 강화도 조약 체결(1876)을 전후하여 개항을 반대하는 최익현의 주장(왜양일체론)이다.

㉯ 1881년 「조선책략」의 유포에 반발하여 이만손 등 영남 유생들이 제출한 영남 만인소이다. 「조선책략」은 1880년 제2차 수신사로 일본에 파견된 김홍집이 들여왔다.

---

16 ④

자료에는 국채 보상 운동 당시 제기된 주장이 나타나 있다. 국채 보상 운동은 일본의 강요로 도입된 차관을 갚기 위한 모금 운동으로, 1907년 대구에서 시작되어 전국적으로 확산되었다.

① 물산 장려 운동
② 독립 협회의 활동
③ 보안회의 활동

---

17 ①

서문은 을미사변이 일어나게 되는 배경을 설명하고 있다. 고종과 명성황후는 러시아 세력을 끌어들여 일본의 간섭을 막으려 하여 일본은 점점 위축되는 영향력을 만회하기 위하여 을미사변을 일으키게 되었다.

---

18 ④

① 제2차 갑오개혁 ② 제1차 갑오개혁 ③ 대한국 국제 반포 전

---

19 ②

① 독립 협회 ② 신민회 ③ 독립 의군부 ④ 대한 자강회

---

20 ②

갑오개혁의 추진 이후 학무아문이 설치되었고, 국민 교육의 중요성을 강조한 교육입국 조서를 반포하여 관립 중학교와 외국어 학교가 설립되었고 그 후 각종 실업학교와 기술 교육 기관이 마련되었다.

21 ④

(가) – 조선 청년 독립단 (나) – 독립 선언서
① 대한 독립 선언서 ② 독립 선언서 ③ 조선 혁명 선언

---

22 ②

서문은 6·10 만세 운동에 대한 설명이며, 신간회는 광주 학생 항일 운동에 대한 진상조사단을 파견하였다.

---

23 ③

서문은 광복 직전 대한민국 임시 정부와 조선 독립 동맹이 통합을 협의한 사실을 말하는 것이다.
① 1942년 ② 1920년 ④ 1930년

---

24 ②

(가) 남북 협상 (나) 6·25 전쟁 중 거제도 포로 수용소 소요 사건
(가), (나) 사이에 일어난 사건으로는 대한민국 정부 수립, 여수·순천 10·19 사건, 중국의 공산화와 에치
슨 선언, 이승만 정부의 농지 개혁, 6·25전쟁 발발, 휴전협상 등이 있다.

---

25 ②

밑줄 친 '전쟁'은 청·일 전쟁이다. 청·일 전쟁 기간 중에 동학 농민군은 여러 지역에서 집강소를 통해
폐정 개혁을 추진하였다.

---

26 ③

자료에는 형평 운동이 나타나 있다. 1920년대에 백정들은 백정에 대한 사회적 차별 철폐를 요구하는 형
평 운동을 전개하였다.

27 ②

자료는 2000년 제1차 남북 정상 회담 당시 발표된 6·15 남북 공동 선언이다. 6·15 남북 공동 선언에 따라 개성 공단 조성 등의 남북 경제 협력이 추진되었다.
① 이승만 정부 시기
③ 노태우 정부 시기
④ 박정희 정부 시기

---

28 ④

자료는 단발령에 대한 것이다. 삼국 간섭 이후 조선이 일본의 세력 확대를 견제하기 위해 친러 정책을 추진하자, 일본은 을미사변을 일으켰다. 이후 일본의 강요에 의해 조선은 단발령 시행, 태양력 사용 등 을미개혁을 단행하였다(1895). 임술 농민 봉기는 1862년, 병인양요는 1866년, 강화도 조약 체결은 1876년, 임오군란은 1882년, 고종 강제 퇴위는 1907년에 해당한다.

---

29 ④

공군 핵심가치의 네 가지 덕목 … 도전, 헌신, 전문성, 팀워크

---

30 ③

핵심가치의 역할
㉠ 공군인이 공통적인 가치를 지향하도록 해주고 전 공군인을 일치단결시키는 구심점 역할을 한다.
㉡ 공군문화의 중심이며 공군인의 정체성 및 상호 간 신뢰, 소속감을 강화시켜 준다.
㉢ 공군인이 스스로를 지탱하는 정신적 지주가 된다.
㉣ 바람직한 행동의 기준으로써 구성원이 사고와 행동, 업무상 의사결정에 영향을 미쳐 조직의 윤리적 환경 조성에 기여한다.
㉤ 변화와 혁신의 시대에 근본적인 원동력을 제공한다. 공군인의 잠재적 역량을 이끌어 냄으로써 근본적이며 장기적으로 공군의 발전에 시너지 효과를 높여준다.

당신의 꿈은 뭔가요?

MY BUCKET LIST !

꿈은 목표를 향해 가는 길에 필요한 휴식과 같아요.

여기에 당신의 소중한 위시리스트를 적어보세요. 하나하나 적다보면 어느새 기분도

좋아지고 다시 달리는 힘을 얻게 될 거예요.

- ☐ _____
- ☐ _____
- ☐ _____
- ☐ _____
- ☐ _____
- ☐ _____
- ☐ _____
- ☐ _____
- ☐ _____
- ☐ _____
- ☐ _____
- ☐ _____
- ☐ _____
- ☐ _____
- ☐ _____
- ☐ _____
- ☐ _____
- ☐ _____
- ☐ _____
- ☐ _____
- ☐ _____
- ☐ _____
- ☐ _____
- ☐ _____
- ☐ _____
- ☐ _____
- ☐ _____
- ☐ _____
- ☐ _____
- ☐ _____
- ☐ _____
- ☐ _____

창의적인 사람이 되기 위해서

정보가 넘치는 요즘, 모두들 창의적인 사람을 찾죠.
정보의 더미에서 평범한 것을 비범하게 만드는 마법의 손이 필요합니다.
어떻게 해야 마법의 손과 같은 '창의성'을 가질 수 있을까요. 여러분께만 알려 드릴게요!

01. 생각나는 모든 것을 적어 보세요.

아이디어는 단번에 솟아나는 것이 아니죠. 원하는 것이나, 새로 알게 된 레시피나, 뭐든 좋아요.
떠오르는 생각을 모두 적어 보세요.

02. '잘하고 싶어!'가 아니라 '잘하고 있다!'라고 생각하세요.

누구나 자신을 다그치곤 합니다. 잘해야 해. 잘하고 싶어.
그럴 때는 고개를 세 번 젓고 나서 외치세요. '나, 잘하고 있다!'

03. 새로운 것을 시도해 보세요.

신선한 아이디어는 새로운 곳에서 떠오르죠. 처음 가는 장소, 다양한 장르에 음악, 나와 다른 분야의 사람.
익숙하지 않은 신선한 것들을 찾아서 탐험해 보세요.

04. 남들에게 보여 주세요.

독특한 아이디어라도 혼자 가지고 있다면 키워 내기 어렵죠.
최대한 많은 사람들과 함께 정보를 나누며 아이디어를 발전시키세요.

05. 잠시만 쉬세요.

생각을 계속 하다보면 한쪽으로 치우치기 쉬워요. 25분 생각했다면 5분은 쉬어 주세요.
휴식도 창의성을 키워 주는 중요한 요소랍니다.